室内设计原理及教学实践应用

陈明明　王大为　王丽丽　著

吉林大学出版社

图书在版编目（CIP）数据

室内设计原理及教学实践应用 / 陈明明，王大为，王丽丽著．—长春：吉林大学出版社，2018.7
ISBN 978-7-5692-2706-2

Ⅰ．①室… Ⅱ．①陈… ②王… ③王… Ⅲ．①室内装饰设计 Ⅳ．①TU238.2

中国版本图书馆 CIP 数据核字（2018）第 179720 号

书　　名：室内设计原理及教学实践应用

SHINEI SHEJI YUANLI JI JIAOXUE SHIJIAN YINGYONG

作　　者：陈明明　王大为　王丽丽　著
策划编辑：朱　进
责任编辑：张文涛
责任校对：朱　进
装帧设计：美印图文
出版发行：吉林大学出版社
社　　址：长春市人民大街 4059 号
邮政编码：130021
发行电话：0431-89580028/29/21
网　　址：http://www.jlup.com.cn
电子邮箱：jdcbs@jlu.edu.cn
印　　刷：北京市金星印务有限公司
开　　本：787mm×1092mm　1/16
印　　张：13.25
字　　数：210 千字
版　　次：2018 年 9 月第 1 版
印　　次：2018 年 9 月第 1 次
书　　号：ISBN 978-7-5692-2706-2
定　　价：48.00 元

前 言

现代室内设计作为一门新兴的学科,尽管它的设立只有数十几年,但从古到今人们早已有意识地对自己的生活、生产活动的室内空间进行了安排布置,甚至进行了美化装饰,赋予室内环境新的气氛。人的一生大部分时间都是在室内活动的,人们活动空间的环境必然直接地关系到人们的生活质量,关系到人们的安全、健康、活动效率、舒适度等。由于人们在室内活动的时间较长,室内设计的原则自然就要以人为本,设计者始终需要把人对室内环境的要求,包括物质和精神两方面,放在设计的首位。

人类在穴居时代已开始用反映日常生活和狩猎活动为内容的壁画做装饰,古埃及神庙中的象形文字石刻,中国木构建筑的雕梁画栋,欧洲 18 世纪流行的贴镜、嵌金、镶贝都是为了满足人的视觉需求。20 世纪以来,随着建筑结构技术的发展,建筑的内部空间不断地扩大,其使用功能越来越复杂。建筑内部不仅需要美化,还需要进行科学地划分,来全面满足人的行为、生理、心理的需要。近半个世纪以来,室内设计逐渐形成建筑设计中的一个重要分支。

室内设计是一门建立在现代环境科学研究基础之上的新兴边缘性科学,其设计的范畴包括人文社会环境、自然环境、人工环境的规划与设计。室内设计教学教育是一种价值观的教育,更是一种传承历史,文理兼容,创造新文化的途径和手段。本书通过调查,了解了部分高校室内设计专业的教育、教学内容及手段,综合运用归纳分析法,列举分析法等,对适合我国国情和教育现状的室内设计教育的理论和方法做了一些思考。主要研究了室内设计教育的发展历程,室内设计教育的构成要素,着重强调实践应用,探讨了当代室内设计教育的理念及改革发展途径。本书是辽宁林业职业技术学院陈明明主持的辽宁省教育科学“十三五”规划立项课题《“双创”背景下孵化式人才培养新模式的探索与实践》（课题编号：JG18EB138）的研究成果。本书注重创新意识与实践能力的培养，重视学科知识、能力和素养的协调发展，旨在让受众了解室内设计的工作任务、工作流程和工作方法，同时让学习者具备室内装饰工程方案设计、方案表达、方案制作、方案设计创新、工程造价控制的职业能力，以及从事室内设计所必需的素质、设计项目团队协作、设计项目交流沟通、信息获取能力及学习与自我发展等职业素养。

目 录

第一章　室内设计基础知识

第一节　室内设计概论

室内设计是运用美学语言对室内环境进行的审美表达，在一定程度上，它具有独特艺术表现力。随着互联网加速发展，我们进入了信息化时代，室内设计可以生成多种表现形式，同时也开启了设计者思维的大门。我们可以感受到现在的室内设计更加丰富、涵盖内容更加广博、设计意图更加自由且适用，等等。当然，在设计过程中，我们依然追寻如何反映社会物质生活和精神生活的特征，如何反映设计者的专业水准和风格魅力等，同时也考虑此设计是否与当前美学观点、传统风俗、舒适宜居等固有标准相一致。

一、室内设计目标

（一）室内设计与建筑设计

室内设计是将室内环境的多种功能进行完美结合，打造空间总体氛围。室内设计的完成，应该通过对建筑物室内空间使用功能的细化和调整、空间整体的完善和改造以及对室内环境的美化和修葺，最终创造出舒适、安全、美观的室内环境。

建筑设计的目的是为人提供有效的使用空间，通过方案、规划、施工，最终建成可以充分满足使用者和社会所期望的各种需求和用途的建筑物。

建筑设计和室内设计只有通过互相配合才能创造出适合人类生活、工作的场所。如果说建筑设计是方案、构建，那么室内设计就是建筑设计的延伸、完善与再创造。

（二）室内装饰与装修

室内装饰是对室内环境进行美化处理，使之美观，而装修可理解为装饰装修，是指对建筑物的修饰、美化和对室内空间的再设计和再创造，其主要是对建筑基体、基层以及细部进行修饰处理，同时还会根据室内外空间的功能和特性、使用对象的需求等因素对建筑空间进行精细化、美观化包装修饰。

二、室内设计的内容和相关因素

（一）室内空间组织和界面处理

室内设计的空间组织，需要充分而透彻地理解原有建筑的设计意向，对建筑物总体布局、功能使用、结构体系等进行深入了解和研究。

设计时在遵循人体工程学基本原则的前提下，重新诠释尺度和比例关系，将空间进行合理规划和人性化处理，最终给人以美的感受。

（二）室内照明、色彩设计和材质选用

室内照明除了能够满足日常工作和生活环境的光照要求以外，光照的效果还能烘托室内环境气氛。室内色彩往往是给人印象最深刻的元素，形成丰富多变的感觉享受。室内色彩设计需根据建筑物的风格、室内效用等确定主色调，再选择适当的色彩进行搭配。

室内空间中的形、色，最终必须和所选材质保持协调、统一。室内空间中不可缺少的建筑构件如柱、墙面等，结合其功能并运用各种材料加以装饰，可共同构成舒适、优美的室内环境。在光照下，室内形、色、质融为一体，形成空间整体美的视觉效果。

（三）室内陈设设计手段

在室内环境中，实用和装饰作用应当互相协调，陈设、家具、绿化等室内设计的内容相对独立于室内的界面营造。

室内陈设设计、家具和绿化配置的功能主要是为了满足室内空间的功能、提高室内空间的质量和调节空间环境的设计，是现代设计中极为重要的部分。

三、室内设计的依据、要求和特点

（一）室内设计的依据

1. 人体活动的尺度和范围

根据人体的尺度，可以测定人体在室内完成各种活动的空间范围，窗台、栏杆的高度，门扇的高宽度，梯级的高宽度及其间隔距离，以及室内净高等的基本依据。

2. 陈设设计的尺度和范围

在室内空间中，还有家具、灯具、空调、排风机、热水器等设备以及陈设摆件等物品。有的室内绿化、山水小品等所占空间尺寸，也成为组织、分隔室内空间的依据。

对于家具、灯具、空调等设备，除考虑安装时必需的空间范围之外，还要注意对此类设备的管网、线缆等整体布局，设计时应尽可能地考虑在设备接口处予以对接与协调。

3. 装饰材料和施工工艺

在设计开始时就必须考虑到装饰材料的选择，从设想到实现，必须运用可供选用的装饰材料，因此，必须考虑这些材质的属性以及实施效果，采用切实可行的施工工艺，以保证顺利实施。

4. 投资限额、建设标准和施工期限

投资限额与建设标准是室内设计中十分必要的依据。此外，设计任务书，相关消防、环保、卫生防疫等规范和定额标准都是室内设计的重要依据。合理明确而又具体的施工期限也是室内设计工程的重要前提。

（二）室内设计的要求

（1）合理的平面布局和空间组织；

（2）优美的空间结构和界面处理；

（3）符合设计规范；

（4）具有调整更新的可行性；

（5）节能、环保、充分利用空间。

（三）室内设计的特点

室内设计必须充分考虑到人在空间中的行为方式、心理需求、功能要求以及实施技术的可行性、艺术风格的匹配性等诸多因素。

1. 对人们生理和心理的影响更为直接和密切

人极大部分时间在室内空间中度过，因此，室内环境质量必然直接影响到人在室内的安全、舒适程度和工作效率。

2. 对室内环境的构成因素考虑缜密

室内设计针对空间的采光与照明、色调和色彩配置、材料质地、室内温度和相对湿度、空气流通、噪声背景和室内隔声、吸声等都要有周密的考虑。在现代室内设计中，这些因素大都要有定量的标准。

3. 室内功能、材料与设备的变化与更替

在对室内空间进行设计时，应考虑到因时间因素引起的平面布局、施工方法、选用材料等相应问题。

四、室内设计师的职责

（一）室内设计师的工作内容

室内设计师的任务是通过室内设计来提高人们的生活质量和生产效率，保护公众安全、提高室内空间功能和设计质量。主要工作内容包括分析客户设计需求，如生活、工作和安全方面；将调查结果和室内设计专业知识结合，进行设计定位和设想；提出与客户需求相适合的初步设计概念，要同时符合功能和美学要求；通过项目策划和设计细化，形成最终方案；绘制施工图，并对室内非承重结构的构造、装饰材料、空间规划、家具陈设、纺织品和固定设备设施做出明确说明；在设备、电气和承重结构设计方面要与专业的、有相应资质的从业者或机构合作。

（二）室内设计师的责任

室内设计师是将客人的需求转化成现实，了解客人的愿望，在有限的时间、工艺、成本等压力之下，创造出实用与美学结合的全新空间。人们对安全、健康和公众福利等方面也越来越重视，因此，室内设计师应考虑的重要课题将是如何提高室内环境质量和生活质量，室内设计师应将注意力放在人的需求、生态环境和文化发展等相关问题，并结合专业技术和创新技能。

设计师的设计理念里应考虑为特殊人群、老人、孩子等提供便利。尽可能多地使用可再生能源、保护生态环境是室内设计师做出各项方案决策的基石。同时融合多元文化，设计师应对不同文化背景客户的品位和喜好具有敏锐性，从而做出适宜方案。

（三）相关职业合作模式

室内设计师应与建筑、电气、消防、平面设计及产品包装、宣传册、菜单设计、工业设计等各方面专业人员建立良好工作关系，并形成设计团队，增强彼此间的交流和合作。

1. 建筑师

建筑师负责建筑外观和内部空间，在结构和机械方面给出建议，直接为客户工作。建筑师可以帮助室内设计师在非承重结构改造时给出正确的决策。

2. 工程师

工程师与建筑师、室内设计师共同为室内设计绘制电气施工图、给排水图、消防报建图、采暖和通风施工图等。要注意的是，要确保设计方案与工程师的技术限定相结合。

3. 平面设计师

在公共建筑室内设计中，平面设计师一般进行标识系统、产品包装、宣传册和菜单设计。

4. 景观设计师

景观设计师、建筑师的合作和交流可能会影响建筑选址、造型和平面布局。景观设计师可在公共建筑室内设计中为室内设计师提供水景、绿化和雕塑的设计方案。

五、室内设计的类型

（一）住宅室内空间设计

住宅室内空间主要是由玄关、客厅、卧室、卫浴、厨房、餐厅、书房、阳台、储藏室等空间组成，其个性化设计按照业主的职业特点、文化水平、身份及家庭背景等差异性条件来进行，设计时遵循以人为本的设计理念。住宅室内空间设计重点要考虑私密性特点，营造归属感。

（二）公共建筑室内设计

公共建筑室内设计是指非住宅项目的设计。其设计要符合有关法律法规要求，必须严格遵守防火和安全规范，公共建筑室内设计是富有挑战性的设计项目。可以将室内环境设计里的新形式和新方法有效地运用到公共建筑中的室内装潢设计里，可通过展现室内环境意象与各种事物含义而进行初步设计，兼顾生产生活方式、种族地域文化特色、社会人类学内涵及个人心理意象等因素。

六、室内设计的原则

室内设计师的工作主要是让室内空间功能合理，符合美学标准，同时还要在项目经济预算范围之内完成，要做到这些并不是件容易的事。因此，设计师应该注意遵循一些基本的原则。

（一）整体性原则

首先，在对一个空间进行改造或是设计时，室内设计师往往需要和不同专业人员合作才能做出最后决定。与各种专业人员的交流与合作是室内设计作品成功的基石。其次，材料、色彩、照明、家具与陈设、人的心理感受等各种设计语言也要合理地运用，才能创造出实用与美观相融合的空间。

（二）实用性原则

室内设计实用性原则主要体现在功能上，一个空间的使用功能是否能满足使用者的生活方式、工作方式非常重要，装饰得再漂亮如果不适合使用者的话，也不算成功。所以，好的室内设计应该是适合使用者的实用空间。

（三）经济性原则

经济性原则体现在设计初期限制施工成本上。同时，经济性的考虑也和生态环境有关，设计师不能因为控制成本而选用一些可能危害人们身体健康的材料或对环境产生破坏的资源。

（四）色彩性原则

色彩设计在室内设计中起着创造和改善某种环境特点的作用，室内设计中的色彩设计必须遵循基本的设计原则，将色彩与整个室内空间环境设计紧密结合，才能获得理想的效果。要注重对比与统一，关注人对色彩的情感，满足室内空间的功能需求，符合空间构图的需要，达到美观的效果。

（五）环保性原则

室内装饰装修设计中所用建筑材料大部分不可再生，所以设计中应该遵循节能原则，主要是合理分配规划资源，以可持续发展为基础。同时，还应遵循健康的原则，选用材料时应该以绿色、健康、环保材料为主，兼顾美观和实用性，倡导简约设计风格，将审美性与功能性相统一，提高空间居住的舒适感。

第二节　室内设计的方法

室内设计以人为本，设计方案是否合理就是看能否解决人们实际生活的室内环境问题。而设计方案最根本的问题是设计思维的来源。要获得设计思维，首先应该要进行科学而理性的分析。所以，我们应当在设计过程中找到一些设计方法，运用各种不同的方法营造出合理的空间，通过改善生活环境，提高生活质量。

一、室内设计的方法

（一）构思与表现

对一个设计的优劣评判往往在于它是否有一个好的构思，所以设计的构思、立意十分重要。设计的主题展现了设计的立意，而设计的主题千变万化，设计的立意要新颖、独特，要敢于“标新立异”。

设计者要充分利用室内空间，节约能耗，尽量采用无污染或污染少的装饰材料，协调人与自然之间的关系，创造和谐环境。这也是当代设计师共同关注、研究的课题。

艺术家们在创作绘画时往往先有立意，经过深思熟虑后才开始动笔。所以设计师在创建一个较为成熟的构思时，要求边构思边动笔，构思与表现同步进行，并在设计前期和设计初期使立意、构思逐步明确下来，对于室内设计而言，构思和意图要进行具有表现力的完整表达，最终使建设者和使用者都能够通过图纸、模型、说明等，全面地了解这个设计的意图。

（二）主体与细节

1. 功能的主体与细节

把握功能的主体是指在设计时，思考问题和着手设计都应该有一个整体的空间概念，空间的规划应从总体出发。如在进行住宅设计时，首先应该考虑的是空间总体计划，先确定主要的功能空间，再确定次要的功能空间。

2. 形式的主体与细节

把握形式的主体与细节，要遵循“对比统一”的美学法，在整体的统一中把握细节的变化，同时还应注意把握室内空间形式的主从关系，如在住宅设计中，各个空间的造型风格统一，同时又要注意不同空间的细节变化。

二、室内设计的程序

（一）设计准备阶段

首先，设计师接受甲方的委托任务书，签订合同。设计师在明确甲方的设计任务和要求之后确定设计时间期限，调配相关各工种，并根据设计方案的总体要求做出计划安排。

熟悉与此设计有关的规范和定额标准，搜集并分析必要的资料和信息，提出一个恰当合理的初步设计理念以及艺术表现方向。设计师还要根据不同室内使用功能，创造与之相对应的环境氛围、文化内涵或艺术风格等。

（二）分析定位阶段

所谓设计的定位就是明确设计的方向，主要是根据外部建筑的特点、客户的各项要求、投资的金额大小和功能使用性质来确定。将所调查到的信息进行分类整理，然后加以分析和定位，确定设计的方向。对信息资料的合理处理、研究是确定方案的关键所在。

在设计方案构思时，需要综合考虑结构施工、材料设备等多种因素，运用各种装饰材料、设施设备和技术手段，然后规划一个完善、合理的功能分区平面图。

（三）发散性思维创意阶段

发散性思维是一种无逻辑规律的思维活动，其设计的灵感产生于瞬间也消失于瞬间。在设计方案不确定时，每个想法都既有独立性又有联系性，或许还能获得其他派生元素，所以用画笔捕捉瞬间的灵感是必然之举。

设计师通常都具备较强的造型能力，能够充分发挥想象力，展开思路寻找适合设计定位的造型语言，将想象中的瞬间形态及结构迅速地描绘出来，从局部到整体再由整体到局部。设计时，发散性思维按照这条线路进行，就能明确目标，对症下药，用一种现代、简捷、明快的表现手法营造出一种视觉感受之外的语意环境。

（四）方案推敲阶段

发散性思维的成果为方案的推敲提供了依据。设计师的主要工作是将所有的前期成果进行整理，并充实完善。对有些成果可以作细部分析，确定后将它们定义在同一个范畴之内，这就构成了设计方案的原型。这种定义的方式必须要进行反复推敲，最终在这些重新组成的定义中找出最接近的设计方案进行定位。

从最初的一个概念、一个框架、一种假设变为更趋于合理的方案。室内设计在推敲方案阶段采用手绘比使用计算机更便捷，推敲方案的目的在于使方案趋于完善，并不追求绝对精确。

（五）设计初步阶段

设计初步阶段是指在推敲阶段之后进行的方案初步设计，主要包括表现整个空间规划的平面图，主要空间的顶棚、墙面设计图，主要空间的效果图以及设计说明。方案初步设计完成后，应该与委托设计方进行充分沟通和交流，然后再进行方案修改调整。这个交流与修改的过程往往会有很多次反复，直至双方基本达成共识。

初步设计方案要求设计师与客户进行交流方案的表现形式是关键问题，采用何种方法来表现，应根据客户要求而定。部分客户是为了解设计方案理念、设计风格的大致方向而和设计师进行沟通交流，这时可采用较为简单的手绘表现方式，而部分客户比较注重图面效果，希望更直观地了解设计方案的面貌，便可采用电脑绘制效果图方式，尽量将室内各种家具、装饰、灯光、材质、色彩等制作得更贴近于真实场景。

（六）设计深入阶段

在初步设计方案确定后，就要对方案进行深化处理，设计出所有空间的各个界面，家具、门、窗、隔断等，并再次与委托设计方交流，以确定最终设计方案。该阶段同样会出现交流与修改的多次反复，直至最终完成整个设计。

（七）施工图制作阶段

要将设计图纸变为室内空间的实体，就必须通过施工团队，依据设计图纸进行制作，这时要提供设计方案制作方法。

（八）方案实施阶段

施工前，设计人员应向施工单位说明设计意图，对设计图纸要采用的各项技术进行沟通。施工期间，需要按设计图纸要求核对现场施工实际状况，查看匹配性，如果根据现场实况需要对图纸进行局部修改或补充，则由设计单位出具修改通知书，获得双方许可后及时进行修改。待施工工期结束后，施工方应绘制竣工图以供相关部门备案，并会同质检部门和建设单位进行工程竣工验收。

第三节　室内空间设计

一、室内空间组织

（一）室内空间概念

与人有关的空间有自然空间和人为空间两大类。人为空间是人们为了达到某种目的而创造的。这类空间，是由“界面”围合的，底下的称“底界面”，顶部的称“顶界面”，周围的称“侧界面”。根据有无顶界面，人们又将人为空间分为两种。人的大部分活动都是在室内空间进行的，其形状、大小、比例、开敞与封闭的程度等直接影响室内环境和人们生活质量。

室内空间的作用不仅在于供人使用，还在于它可能具有很强的艺术表现力，空间是有精神功能的。如果再进一步进行装修和装饰，并把若干个空间组合起来，构成有机体，形成一个序列，身临其境者，还会进而完成艺术体验的全过程。

（二）室内空间类型

1. 按空间的形成过程分类，可分成固定空间和可变空间。固定空间，顾名思义是指由墙、柱、楼板或屋盖围成的空间，这是基本不变的，在固定空间内用隔墙、隔断、家具、陈设等划分出来的空间是可变空间。

组成可变空间是空间处理中的一项重要内容，因为正是这些空间直接构成了人们从事各种活动的场所。

2. 按空间的灵活程度分类，分为单纯空间和灵活空间。在现代社会，人们的生产、工作和生活方式不断变化，功能单一的空间很难适合现代社会的需要，为此，必须逐步改变传统、静态的设计观，取而代之以动态的设计观，设计更加灵活的空间。

3. 按空间限定的程度分类，可分为实空间和虚空间。有些空间范围明确，具有较强的独立性，人们便常把它们称为“实空间”。有些空间不是用实墙围合的，而是用花槽、家具、屏风等划分出来的，这种空间便是人们常说的虚空间。虚空间的基本特征是用非建筑手段构成，处于实空间之内，但又具有相对的独立性。虚空间的作用主要表现在两个方面：一是在实际功能方面，二是在空间效果方面。从实际功能上看，它能够为使用者提供一些相互独立的小空间。从空间效果上看，它能够使空间显得丰富多彩，更富有变化和层次。

（三）室内空间的分隔与联系

1. 空间的分隔是处理好不同空间关系和层次的分隔

建筑物的承重结构，是空间固定分隔因素，因此，在划分空间时应特别注意它们对空间的影响，非承重结构的分隔材料，如各种轻质隔断、落地罩、博古架、帷幔、家具、绿化等分隔空间，应注意其构造牢固性和装饰性。

2. 空间的联系是处理好空间之间关系的一种手段

空间联系没有固定界限，可以是两个空间之间的模糊空间，也可以是从属于某个空间，通常称之为灰空间，主要有如下两个作用：

（1）过渡室内空间

公共性—半公共性—半私密性—私密性，开敞性—半开敞性—半封闭性—封闭性，室外—半室外—半室内—室内。

过渡的目的常和空间艺术的形象处理有关，要想达到诗情画意的境界，恐怕都离不开过渡空间。

（2）室内空间引导作用

灰空间还常作为一种艺术手段，起到空间引导作用。例如，狭长走廊尽头一端有景台，可以起到消除压迫感的引导作用。

二、室内空间设计手法

与传统设计手法相比，现代室内空间设计中出现了更新的理念和创意。

（一）室内空间形体弱化及模糊倾向

在现代，玻璃以及其他透明性材料的运用是广泛而重要的设计手法。界面围合形成空间，表面的缺失往往可以改变空间的特征，形成不同程度的开放空间。透明面兼具开放和封闭表面的双重特征，看起来拥有视觉的通透感。当代建筑设计中，很多大型公共空间都采用大面积的玻璃幕墙，营造通透的视觉效果。线形元素的运用（如格栅）使空间富有韵律美，线形元素形成半通透的虚界面，在分隔空间的同时，保持视线交融，线形元素形成的实界面，带给空间指向性。在室内空间中，将围合表面分解为大量离散线性表面，赋予空间强烈的速度感和动态的时空感受。

（二）多层化倾向

当代的室内空间中，双层或多层界面的设计手法得到大量应用。通过重叠的界面，形成层层凹凸和阴影，产生体量的虚实变化，可以使室内空间尺度显现。利用多重界面互相嵌套、渗透，能够将多个室内空间联系起来，打破了空间中实体的感觉，成为划分空间的载体。地面高差变化也可以丰富空间层次和表面起伏的效果。目前，出现了大量以“编织”为特色的“编织建筑”，运用到室内空间中，出现了以编织形态为特色的室内界面形式。编织界面形成的韵律交织美感，唤起视觉体验，使室内空间更具亲切感。

（三）界面的媒体化倾向

网络化、数字化逐渐渗透到人们生活的各方面，这使建筑的媒体化成为必然。现代商业的发展，使艺术的影响扩展到商业展示及其他公共空间之中。而进入“读图时代”的今天，图片、色彩在室内界面得到更多的运用。网络化使视觉因素（图片和影视图像）成为最为直接的表现手段。人们可以轻易地获得某个建筑的影像图片资料，利用这些二维的画面对建筑形体、三维空间做出评价。读图时代特征与商业需求相结合，促使了文字、图片和影视图像在室内设计中的应用。

三、室内空间界面设计

（一）室内界面设计原则

整个室内空间是一个完整的有机体，要充分考虑它们的个体特征与室内整体面貌的内在关联性，注重装饰形式的变化与统一，烘托出实体环境的设计形态，使室内空间充满生机。

造型设计涉及形状、尺度、色彩、图案与质地，其基本要求是切合空间的功能与性质，符合并体现环境设计总体思路。总之，界面与部件的装饰设计要遵循以下几条原则：

1. 安全可靠，坚固适用

界面与部件大都直接暴露在大气中，会受到物理、化学、机械等因素影响并且有可能因此而降低自身的坚固性与耐久性，因此，在装饰过程中常采用涂刷、裱糊、覆盖等方法加以保护。室内设计中一定要认真解决安全可靠、坚固适用的问题。

2. 造型美观，具有特色

要充分利用界面与部件的设计来强化空间氛围，使空间环境能体现应有的功能与性质。要利用界面与部件的设计反映环境的民族性、地域性和时代性，如用不锈钢、镜面玻璃、磨光石材等使空间更具时代感。在界面和部件上往往有很多附属设施，如通风口、烟感器、自动喷淋、扬声器、投影机、银幕和白板等，这些设施往往由其他工种设计，直接影响使用功能与美感。为此，室内设计师一定要与其他工种密切配合，让各种设施相互协调，保证整体上的和谐与美观。

3. 优化方案，方便施工

针对同一界面和部件，可以提出多个装修方案，要从功能、经济、技术等方面进行综合比较，从中选出最为理想的方案。要考虑工期的长短，尽可能使工程早日交付使用。还要考虑施工的简便程度，尽量缩短工期，保证施工的质量。

4. 选材合理，造价适宜

选用什么材料，不但关系到功能、造型和造价，而且还关系到人们的生活与健康。要充分了解材料的物理特性和化学特性，切实选用无毒、无害、无污染的材料。合理地表现材料的软硬、冷暖、明暗、粗细等特征，一方面要切合环境的功能要求，另一方面要借以体现材料的自身表现力，努力做到优材精用、普材巧用、合理搭配。要注意选用竹、木、藤、毛石、卵石等地方性材料，达到降低造价、体现特色的目的。

（二）空间界面设计

1. 顶棚设计

顶棚作为空间的顶界面，最能反映空间的形态及关系。设计者应综合考虑建筑的结构形式、设备要求、技术条件等，来确定顶棚的形式和处理手法。顶棚作为水平界定空间的实体之一，对于界定、强化空间形态、范围及各部分空间关系有重要作用。通过顶棚艺术处理，可以达到突出重点，增强空间方向、秩序与序列感，宏大与深远感等艺术效果。

从其与结构的关系角度，一般分为显露结构式、半显露结构式、掩盖结构式。其中，后两种形式主要通过吊顶设计来完成，而前两种顶棚形式与后一种顶棚形式相比既节约材料和资金，又可以达到美观和环保的效果，因此，被广泛使用。总之，顶棚设计，特别是吊顶设计，往往糅合造型、色彩、材质等多种设计手法。

2. 地面设计

（1）地面造型设计

一般情况下，室内地面以水平面形态呈现，为区别不同地面区域。可采用分格处理和图案装饰处理。分格是选择加工好的块材，在现场进行拼铺，具有规律性。在公共空间中心或趣味部位，利用不同颜色块材，通过几何图形组合拼装，能起到地面图案装饰效果。装饰图案分具象和抽象两种，选择哪种取决于空间装饰的整体氛围和意向。还可以利用室内地面的高差变化来选择造型，可设计成升抬式、下沉式地面。

（2）地面色彩设计

地面色彩应与墙面、家具的色调相协调。常用色彩有暗红色、褐色、深褐色、米黄色、木色以及各种浅灰色和灰色等。

（3）地面光艺术设计

地面的肌理形态与色彩变化可通过室内顶光或侧光投射出的光影图形及光源色彩来实现，渲染室内空间整体氛围。根据室内空间性质，光影投射纹样及光源色彩可以随时更换，以便增强室内地面设计装饰效果。地面的光设置除了导向作用外，还能作为地面装饰图案。

（4）地面材质设计

石材，抗压、耐久、耐磨、坚实、古朴、稳重，可取得凝重、庄严的室内艺术效果，选择时可根据室内装饰风格及色彩做合理搭配。木材，具有弹性适度、行走舒适、纹路天然、韵味自然等特点，可应用于不同风格的地面设计。瓷砖，质地密实、耐磨，具纹理，色彩丰富，易清洁，尺寸规格统一，施工方便，近年来被广泛采用。玻璃，其块状或砖状可用来装饰室内地面，增添奇幻、透亮效果。地毯，实用性与美观性兼具，能够营造高贵、典雅、华丽、舒适的室内环境。此外，除采用同种材料外，也可采用两种或多种材料的组合。

3. 墙面、隔断设计

（1）墙面设计

墙面造型设计重在虚实关系处理。墙面设计应根据不同墙面特点，虚中有实，实中有虚。通过墙面图案处理来进行设计，可分格或通过组合构图、凹凸变化，构成立体效果。另外，墙面造型设计还应当正确地显示空间的尺度和方向感。高耸空间的墙面多适合于采用横向分割处理方法，这样可从视觉心理上增加或降低空间高度。

利用光作为墙面的装饰要素，一是通过在墙面设不同形态的洞口或窗，将自然光与空气引入。光与色彩、空间、墙体奇妙地交错在一起，形成墙面、空间的虚实、明暗和光影形态变化，同时将室外景观引入室内，增加室内空间活力；二是通过墙面人工照明设计，营造空间特有气氛。

（2）隔断

室内设计中，往往需用隔断分隔空间和围合空间，隔断除具划分空间作用外，还能增加空间层次感。此外，墙面设计还应综合考虑墙体结构、造型和墙面上所依附设备等因素，更重要的是，应始终将整体空间构思、立意贯穿其中，使墙面设计合理、美观，同时呼应及强化设计主题。

第四节　室内设计与人体工程学

一、人体工程学含义与发展

人体工程学起源于欧美，最早出现在波兰。1857 年，波兰人亚司特色波夫斯基第一个建立了 Ergonomics 体系。此后，美国的泰勒、吉尔布雷斯，德国的敏斯特伯格都为人体工程学这一学科进行了研究与测试。1949 年，英国成立了劳动学学会，主要目的是研究生产劳动规律，使其最佳化，这一阶段被称为经验人体工程学时期。

20 世纪 60 年代，科学技术迅猛发展，计算机技术不断普及，系统学科、集成技术和人工智能的开发研究，汽车制造与航空事业空前发展，都为人体工程学提供了广阔的应用空间。

时至今日，社会发展到信息时代，以人为本、为人服务思想已经贯穿到我们日常生活和生产活动中。

二、人体基本尺度及应用

以人为中心设计，必须要正确对待人，通过设计正确分配人与环境系统功能。

（一）人体基本尺度

人体基本尺度是设计师进行设计时必须考虑的基本因素，人的身体会因年龄、健康状况、性别、种族、职业等不同而有显著差异，设计室内场所时，必须考虑这些方面的差异性对设计产生的影响。

（二）室内常用人体工程学尺度

1. 人体尺度

常用室内尺度如下：

支撑墙体：厚度 0.24m。

室内隔断墙体：厚度 0.12m。

大门：门高 2.0～2.4m、门宽 0.90～0.95m。

室内门：高 1.9～2.0m、宽 0.8～0.9m，门套厚度 0.1m。

厕所、厨房门：宽 0.8～0.9m、高 1.9～2.0m。

室内窗：高 1.0m 左右，窗台距地面高度 0.9～1.0m。

室外窗：高 1.5m ，窗台距地面高度 1.0m。

玄关：宽 1.0m、墙厚 0.24m。

阳台：宽 1.4～1.6m、长 3.0～4.0m。

2. 常用家具尺度

（1）卧室

单人床：宽 0.9m、1.05m、1.2m，长 1.8m、1.86m、2.0m、2.1m，高 0.35～0.45m。

双人床：宽 1.35m、1.5m、1.8m，长、高同上。

圆床：直径 1.86m、2.125m、2.424m。

衣柜：厚度 0.6～0.65m、柜门宽度 0.4～0.65m、高度 2.0～2.2m。

（2）客厅

沙发：厚度 0.8～0.9m、座位高 0.35～0.42m、背高 0.7～0.9m。

单人式：长 0.8～0.9m。

双人式：长 1.26～1.50m。

三人式：长 1.75～1.96m。

四人式：长 2.32～2.52m。

（3）茶几

小型长方：长 0.6～0.75m、宽 0.45～0.6m、高度 0.33～0.42m。

大型长方：长 1.5～1.8m、宽 0.6～0.8m、高度 0.33～0.42m。

圆形：直径 0.75/0.9/1.05/1.2m，高度 0.33～0.42m。

（4）书房

书桌：厚度 0.45～0.7m（0.6m 最佳）、高度 0.75m。

书架：厚度 0.25～0.4m、长度 0.6～1.2m、高度 1.8～2.0m，下柜高度 0.8～0.9m。

（5）餐厅

椅凳：座面高 0.42～0.44m、扶手椅内宽 0.46m。

餐桌：中式一般高 0.75～0.78m、西式一般高 0.68～0.72m。

（6）厨房

橱柜作台：高度 0.89～0.92m。

平面作区：宽度 0.4～0.6m。

抽油烟机与灶的距离：0.6～0.8m。

（7）卫生间

盥洗台：宽度为 0.55～0.65m、高度为 0.85m、盥洗台与浴缸之间应留约 0.76m 宽的通道。

淋浴房：一般为 0.9m×0.9m、高度 2.0～2.0m。

抽水马桶：高度 0.68m、宽度 0.38～0.48m、进深 0.68～0.72m。

（三）商业室内常用人体工程学尺度

1. 墙面尺度

（1）踢脚板高；80～200mm。

（2）墙裙高：800～1500mm。

2.餐厅

（1）餐桌高：750～790mm。

（2）餐椅高；450～500mm。

（3）餐桌转盘直径；700～800mm。

（4）餐桌间距：（其中座椅占 500mm）应大于 500mm。

（5）主通道宽：1200～1300mm。

（6）内部工作通道宽：600～900mm。

（7）酒吧台高：900～1050mm，宽500mm。

（8）酒吧凳高；600～750mm。

3.商场营业厅

（1）单边双人走道宽：1600mm。

（2）双边双人走道宽：2000mm。

（3）双边三人走道宽：2300mm。

（4）双边四人走道宽；3000mm。

（5）营业员柜台走道宽：800mm。

（6）营业员货柜台：厚600mm，高：800～1000mm。

（7）陈列地台高：400～800mm。

（8）敞开式货架：400～600mm。

（9）放射式售货架：直径2000mm。

（10）收款台：长：1600mm，宽：600mm

4.饭店客房

（1）标准面积：大：25 m^2，中：16～18 m^2，小：16 m^2。

（2）床：高400～450mm、宽850～950mm。

（3）床头柜：高500～700mm、宽500～800mm。

（4）写字台：长1100～1500mm、宽450～600mm、高700～750mm。

（5）行李台：长910～1070mm、宽500mm、高400mm。

（6）衣柜：宽800～1200mm、高1600～2000mm、深500mm。

（7）沙发：宽600～800mm、高350～400mm、背高1000mm。

（8）衣架高：1700～1900mm。

5.卫生间

（1）卫生间面积；3～5m^2。

（2）浴缸长度；一般有三种1220、1520、1680mm，宽720mm，高450mm。

（3）坐便；750×350（mm）。

（4）冲洗器：690×350（mm）。

（5）盥洗盆：550×410（mm）。

（6）淋浴器高：2100mm。

（7）化妆台；长 1350mm、宽 450 mm。

6.会议室

（1）中心会议室：会议桌边长 600mm。

（2）环式高级会议室；环形内线长 700～1000mm。

（3）环式会议室服务通道宽：600～800mm。

7.交通空间

（1）楼梯间休息平台净高：等于或大于 2100mm。

（2）楼梯跑道净高：等于或大于 2300mm。

（3）客房走廊高：等于或大于 2400mm。

（4）两侧设座的综合式走廊宽度等于或大于 2500mm。

（5）楼梯扶手高：850～1100mm。

（6）门的常用尺寸：宽 850～1000mm。

（7）窗的常用尺寸：宽 400～1800mm。

（8）窗台高：800～1200mm。

8.灯具

（1）大吊灯最小高度：2400mm。

（2）壁灯高：1500～1800mm。

（3）反光灯槽最小直径：等于或大于灯管直径两倍。

（4）壁式床头灯高：1200～1400mm。

（5）照明开关高：1000mm。

三、人体工程学与室内设计的关系

（一）人体工程学促进室内设计质量提升

自人体工程学应用到室内设计之后，室内设计得到突飞猛进的发展。引入人体工程学之后，室内设计被提升到科学、理性层面，有了实际有形的衡量标准，从而大大改善室内居住以及工作环境，将人们的生活质量大大提升。人体工程学对室内设计的主要贡献在于它将传统的室内设计中的感性因素进行量化，使室内设计有迹可循、有据可依。人体工程学的广泛应用使整个室内设计行业有了巨大飞跃。它使得室内设计走向理性化，达到科学与艺术的完美结合。尽管人体工程学这门学科最初的目的并不是为促进室内设计进步而发展起来的，但其在室内设计中的广泛应用对整个室内设计行业以及人类文明的进步有着深远意义。

（二）人体工程学对室内设计观念的影响

人体工程学对室内设计的深远意义还表现在其对室内设计观念的影响。一是人体工程学将科学的态度引入室内设计理念中来。人体工程学的引入带来室内设计理念的颠覆，它将科学、严谨的观念渗透到设计师的灵魂之中，使得设计师在设计时首先考虑人的适用性。二是将整体的概念带入室内环境设计理念之中。人体工程学将环境概括为一个有机整体，并认为室内各种因素都是相互联系、密不可分的。人体工程学的这种思维方式为室内设计带来新理念，促进设计时整体效果的统一，为室内设计带来颠覆性革命。

人体工程学的理念为人是整个环境的核心。将人体工程学运用于室内设计中，能够有效提高室内设计质量，保证人们生活舒适度。

第五节　室内设计的文化内涵

现代室内设计也在社会形态的不断变化中呈现出多元化发展格局，室内设计活动在为人们创造新的物质生活方式的同时，也创造着新的设计文化。新时代的室内设计文化提高了人们的生活品位，并且不断地更新人们的生活方式。

一、室内设计与传统文化的关系

（一）室内设计与文化的相互作用

室内设计是为人类打造优良的生活活动环境而进行的一项创造性活动，与文化相比较，室内设计的概念虽然是在现代主义建筑运动后才被提出的，但室内设计的行为却从人类为自己建造居住的房屋开始就一直存在至今了。文化和室内设计之间是一种互动关系，室内设计是在一定的文化指引下展开和完成的，而不同的文化又是在室内设计的过程中体现出来，并被继承和发扬的，最终逐渐形成我们现今生活中的一种新的社会意识形态，即室内设计文化。室内设计文化不仅仅作用于室内设计领域，还潜移默化地影响着其他层面的文化形式以及每一位身处其中的人。无论何种风格的室内设计，都具有当时特定的文化心理和精神结构，在一定的文化语境下，反映了不一样的审美标准和观念，也反映了当时的文化风貌。

（二）室内设计受传统文化的影响

中国古代不胜枚举的经典建筑以及其华美的室内装饰，充分体现出华夏文明与古典建筑艺术的完美结合，令世人叹服。从北京的故宫到西藏的布达拉宫，其雄壮、辉煌的建筑艺术和精美的室内装饰艺术，无不深深地蕴含着中国传统的文化。全世界的室内设计之所以变幻多样，正是由于不同的自然条件、历史时期、民族背景、地域特征等所产生的不同文化造就了室内设计的多样性。

近年来，在我国室内设计中，不论是办公空间、居住空间、商业空间还是其他公共空间，各种文化元素都得到充分体现。不同风格的现代室内设计是以科学技术为依托、以文化艺术为内涵，经历史沉淀而成，它的发展往往反映了人们的文化意识和一个民族的传统。

二、中国传统文化精髓及其在室内设计中的应用

中国传统建筑及室内装饰中所包含的概念和思维方法，与中国民族文化中所蕴含的强调事物各方面整体、和谐统一和相互联系的传统思维方式相吻合。如中国古代的自然观，强调“天人合一”“浑然天成”和“因势就形”等。

（一）儒家文化的核心思想——中庸之道、天人合一

室内设计越来越受到人们的重视，儒家文化的作用也越来越明显。在室内设计中如何更好地运用和体现儒家文化，打造出具有浓厚儒家气息的室内装饰显得尤为重要，通过将儒家文化与现代艺术相结合，就能将“中庸”“天人合一”的理念相互贯通并不断创新。

1. 空间与造型

儒家思想的“中庸”讲求含蓄、内敛，就是用恰如其分的方法来处理事物，追求一种平衡，最终使事物达到和谐统一。所以，设计师在室内环境设计时，常使用一些规则的形状和序列，来寻求整体统一中的变化。此外，空间的分隔也是室内设计中重要的一个环节。设计师在室内空间的分隔上要体现出一定的虚实变化关系。比如，屏风作为中国传统的装饰构件，既形成了一定的私密性，但又没有完全把空间分隔开，在两个空间中形成美丽的景致，从根本上体现了“中庸”思想和传统的民族文化。同样具有分隔空间的作

用以及体现虚实关系的设计手法还体现在博古架、帷幕等的运用上，它们为不同的空间赋予了不同的精神意味。

室内设计除了要合理地处理室内各空间的关系外，还应有效地处理室内空间与外界的过渡关系，使室内外情景交融，相互作用。将自然景物作为空间的一个组成部分，使人们的视野能够由室内拓展到室外，这样就大大地增加了空间的延伸性和层次感，并且富有情趣，达到了更好的视觉效果。

2. 界面装饰

儒家文化强调传统的象征意义，所以在室内空间的界面装饰上多运用一些具有传统的象征意义的事物，以此表达深藏在人们内心深处的情感因素。比如，祥云寓意着吉祥福运，竹子寓意富贵，鱼纹寓意着年年有余等。这些都是对传统文化的一种提炼，将这些元素运用到室内空间的界面装饰上，可赋予空间更深层次的文化内涵和象征意义，这些寓意的手法不仅具有儒家文化特色，也包含着我们民族深厚的文化魅力与民族智慧。

3. 空间材质

空间材质是室内设计中的重要组成部分，运用时应结合儒家文化“天人合一”的思想。比如，室内设计中，在选材上常用原生态的、朴实淡雅的材料，给人们在纷繁的都市生活忙碌之余带来大自然的气息。现代科技发展迅猛，新型材料更是层出不穷。

4. 家具与陈设

家具除了其本身的使用功能，在环境中还起着调节室内空间的内部关系和引导人们行动路线等作用。此外，家具的造型、色彩和舒适度都影响着人们对于空间的心理感受，它可以改变整个空间的趣味、风格。

对联、书画、匾额以及一些小的文化构件的陈设，既能在室内装饰上添彩，又能营造出具有诗意的文化意境，还能体现出中国传统的生活方式、积极向上的人生态度以及更深层次的民族文化。这些装饰构件上的文字内涵多具有励志、自勉的作用，也与儒家思想的核心道德观所强调的个人品德修养相辅相成。

（二）道家文化的核心思想——道法自然

道家思想的淡泊宁静应用在室内设计中则形成空间的高雅大气、诗情画意。道家思想以其独有的魅力，深深地影响了室内设计领域，不论是对于材质和空间运用的理解，还是对人与环境和谐共处的认识，它都对我们具有很好的启示作用。

1. 道法自然——自然与空间相和谐

崇尚并顺应“自然”是老子美学意蕴的主要源泉。道家在哲学上以“自然”为遵从的对象，又延伸出“素”“朴”“淡”“拙”等一些对审美的见解，这些对室内设计都产生了重要的影响。随着社会的发展，在室内设计风格百变的今天，新的艺术观层出不穷。人们对复古和怀旧情调的追崇，让历史和传统文化元素在现代空间中反复被应用。设计师摒弃了以往盲目仿古的做法，而更多的是追求用简练的线条和现代视觉符号来表达传统文化，表现得简约自然、朴实无华却更富有内涵意蕴。这样的空间造型更生动，更有韵味，也更容易为现代人所接受和喜爱。

2. 道法自然——家具设计选材自然

在家具的设计上，道家思想强调的“道法自然”也表现突出。明式家具之所以受到现代人的喜爱，是因为它所表现出来的天然之美，不矫揉造作，恰与现代空间设计所崇尚的时尚、简洁的观念相辅相成。在材料选择上，均以自然木材为主，重视木材的天然纹理和色泽，不加涂饰，完全符合“道法自然”的意境和哲学理念。

三、室内设计中表达传统文化内涵的手法

（一）传统文化符号在室内设计中的运用

经过漫长的历史沉淀，中华民族的传统文化艺术逐步形成了各具特色的图案和纹饰。这些图案和纹样具有传统象征性和比喻意义，它们是人们在生产和劳动创造过程中的经验累积与智慧结晶，渗透出浓厚的历史韵味，是图像形式与文化内涵完美结合的符号。

传统文化符号运用于现代室内设计的方法主要有以下三种：第一，抽象概括，将传统的儒、道、禅的文化符号，进行抽象简化与加工提炼，结合现代技术和工艺手法来延续与发展。第二，符号拼贴，就是将人们所熟悉的传统构件进行裂解或变形，构成具有比喻意义或象征意义的符号，让传统与现代建立起某种联系。第三，移植与嫁接，即对儒、道、禅等传统文化进行移植嫁接，形成一种新的艺术符号在室内设计中运用。

（二）家具陈设设计回归自然

从古至今，陈设艺术在我们的室内环境中是最富有文化内涵的组成部分，它的形式、质感、文化特征是人与室内环境之间传递情感的重要因素。它是我国室内设计艺术取之不尽、用之不竭的文化根源，具有一定文化内涵的陈设品格调高雅、造型优美，以精神价值继承传统文化内涵的陈设艺术是人性化设计的基本归属，它力求表达特定的情感意境，以达到传情达意的最高境界。在延续文化传统同时，它往往表现出一种回归自然的向往，反映在室内陈设上，是要将自然要素合理地组织到室内空间中。

（三）室内文化元素与建筑母体的和谐统一

在进行室内设计之前，设计师必须认真分析以下四个方面的因素：第一，建筑师对建筑母体的设计理念；第二，建筑师所采用的建筑语言的文化内涵；第三，建筑室内各空间不同的功能配置；第四，定位建筑与室内文化元素的空间语言，如庄重、清新、欢快、温馨、活泼等。优秀的室内设计中的文化元素应与外部建筑母体的文化语言保持高度统一。

四、室内设计文化的发展趋势

中国的传统文化是中国设计文化发展的源泉，是设计师的立足点。传统文化是全世界人类共同的精神财富，我们只有将现代设计与传统文化融合起来，才能打造全球文化下“和而不同”的中国设计。当今的世界正在形成一个互相交流、相互包容的设计文化大环境，不同地域的文化融合在设计过程中得到充分体现。因此，我们首先要将自己放在这个国际文化交流的大舞台上，这不仅是经济发展、国际化竞争的需求，也是建设民族新文化的职责所在。

作为新时代的设计师，应重视中西文化元素交融，造就“和而不同”的中国设计。以中国为代表的东方文化是在儒家思想和道家思想的基础上发展而来的，它擅用整体、辩证的思维方式，重视归纳、综合和感性的直觉与顿悟，强调事物之间的普遍联系、有机结合、和谐统一。

第二章　室内设计的种类

第一节　住宅空间设计

一、住宅空间设计宗旨

（一）知识目标

1. 掌握客户情况项目调查表的编制方法。

2. 掌握住宅空间设计项目、客户、市场调研方法及内容。

3. 掌握住宅空间设计资料的收集、分析和整理的方法。

4. 掌握住宅空间设计流程，掌握住宅空间设计原则、原理和方法。

（二）能力目标

1. 培养学生项目现场勘察和项目现场测绘的能力。

2. 培养学生方案分析与概念设计能力。

3. 培养学生设计创新能力。

4. 培养学生绘制施工图与效果图的能力。

5. 培养学生文案撰写能力及方案解说能力。

（三）素质目标

1. 培养学生良好的职业道德和责任感。

2. 培养学生自学能力、沟通能力和团队协作能力。

3. 培养学生独立分析问题和解决问题的能力。

二、住宅空间设计基础

（一）住宅空间设计程序

1. 设计准备阶段

设计准备阶段的主要工作有以下几点。

（1）接受业主的设计委托任务。

（2）与业主进行沟通，了解业主性格、年龄、职业、爱好和家庭人口组成等基本情况，明确住宅空间设计任务和要求，如功能需求、风格定位、个性喜好、预算投资等。

（3）到住宅现场了解室内建筑构造情况，测量尺寸，完成住宅空间初步平面布置方案。

（4）明确住宅空间设计项目中所需材料情况，并熟悉材料供货渠道。

（5）明确设计期限，制定工作流程，完成初步预算。

（6）与业主商议并确定设计费用，签订设计合同，收取设计定金。

2. 方案初步设计阶段

方案初步设计阶段的主要工作有以下几点。

（1）收集和整理与本住宅空间设计项目有关的资料与信息，优化平面布置方案，构思整体设计方案，并绘制方案草图。

（2）优化方案草图，制作设计文件。

3. 方案深化设计阶段

通过与业主沟通，确定初步方案后，对方案进行完善和深化，绘制详细施工图。设计师还要陪同业主购买家具、陈设、灯具等。如果业主不需要设计师陪同则应为其提供家具、陈设和五金的图片以方便业主自行购买。

4. 项目实施阶段

项目实施阶段是项目顺利完成的关键阶段，设计师通过与施工单位合作，将设计方案变成现实。在这一阶段，设计师应该与施工人员进行广泛沟通和交流，定期视察工程现场，及时解答现场施工人员所遇到的问题，并进行合理的设计调整和修改，确保在合同规定的期限内高质量地完成项目。

5. 设计回访阶段

在项目施工完成后，设计师应该继续跟踪服务以核实自己设计方案取得的实际效果，回访可以是面谈或电话形式。一般在项目完工后半年、1 年和2年三个时间段对项目进行检查。总之，设计回访能提高设计师的设计能力，对其以后发展有重要意义。

（二）安全和无障碍设计

为特殊人群进行设计、能源的节约与再利用以及安全设计是一个设计师义不容辞的责任和义务。在住宅设计中首先要注意到无障碍设计的重要性，关心残疾人、老人、孩子和妇女的生活需要。

1. 楼梯

楼梯的设计会带来方便与舒适，但需合理设计，要同时考虑坡度、空间尺寸的相互关系，这时起决定性作用的是空间本身。室内设计时，要由家庭成员来决定其安全与舒适程度，对作为路径通道的楼梯，首要考虑的是安全问题，对于有老人和孩子的家庭，在设计中要避免设计台阶和楼梯，如需要，设计的楼梯坡度缓、踏步板宽、梯级矮些才好，楼梯坡度为33°～40°之间，栏杆高度为900mm，安装照明设备，同时兼顾旋转不要过强，还要考虑承重和防滑，所有部件无突出、尖锐部分。

2. 卫生间与浴室

卫生间的功能变化和条件改善是社会文明发展的标志。卫生间设施密集、使用频率高、使用空间有限，是居住环境中最易发生危险的场所。无障碍设计是具有人文关怀的人性化设计理念，目的是为老年人、残疾人提供帮助。应做好功能分区，保证使用时的便利及操作的合理性，并设宽敞的台面和充足的储藏空间。如厕区设置扶手、紧急呼叫器，留出轮椅使用者和护理人员的最低活动空间。洗浴区要注意与其他分区干湿分离，淋浴和浴缸都应设置扶手。卫生间的空间尺寸要合适，对卫生间空间环境大小、颜色、设施安装及布置都要详细考量，卫生间设置应便于改造，保证通风效果良好。喷淋设备的喷头距侧墙至少450mm，留有放置坐凳的适宜空间。浴缸外缘距地高度不宜超过450mm。浴缸开关龙头距墙不应小于30mm，洗手盆上方镜子应距离盥洗台面有一定高度，防止被水溅到，洗手盆也不宜安装过高，一般在800mm左右。设置报警器，以防突发疾病。卫生间电器开关应合理标识。

3. 厨房

厨房的通风、排水和防水尤为重要，还要维持室内空气新鲜。强调色彩调节及配色，着重考虑色彩对光线的反射率，提高照明效果。色彩设计应根据个性需求，在视觉上扩大厨房面积。注意厨房的亮度，能清楚辨别食物颜色、新鲜度。产品尺寸是设计过程中要考虑的一个重要因素，橱柜操作台、厨房开关插座高度需根据不同人群的身体情况而定，以便洗菜、切菜和烹饪。橱柜水槽和炉灶底下建议留空，以方便轮椅进出。吊柜最好能够自动升降。底柜采用推拉式。

4. 针对儿童与老人的特殊设计

为了安全起见，儿童游戏区域应在成年人视野和听觉范围内，以便有效监护。楼梯栏杆间距不宜超过 100mm，以免卡住儿童头部。在卫生间，儿童一般难以够到洗面盆、电灯开关、门把手等，可以设计随他们成长可以调节的器具。有一定高度的家具应该固定在墙上，以防倾倒。

由于老人视力较差，还要避免眩光，应选择实木地板这类富有弹性的地板。另外，开关布置要科学、合理，进门处、卧室床头要有开关。

（三）住宅空间室内设计

1. 门厅设计

门厅是室内最先映入人眼帘的空间，它是出入户和脱换鞋区域，具备公共性，私密度较低，室内设计时不可忽视。

门厅是接待客人来访时正式亮相的第一个地方，在设计上应该多花一些心思。一般主人入屋或客人来访首先在入口处换鞋、挂外套、挂包或是放置钥匙和雨伞。因此，门厅处可以放置鞋柜、衣架、镜子、雨伞架和换鞋凳。

门厅的灯具可以安置在顶上、墙壁上或是放置在桌面上，一般根据门厅的空间大小、住宅室内风格来选择相应的门厅灯具，小型门厅适合悬挂吊灯。如果空间过于拥挤，则可以安装壁灯。并且，门厅的灯具都可以安装调光器，让灯光散发出柔和的光线，给人带来温暖和舒适的感觉。

2. 客厅设计

现代客厅设计理念主要以简约风格为主，将设计元素、色彩、照明、原材料简化到最低程度，无过分装饰，讲究比例适度，做到整体风格统一。

（1）布局设计

客厅主要以会客区坐卧类家具为主，沙发等占据主要位置，其风格、造型、材料质感对室内空间风格影响很大。首先要求客厅家具尺度应符合人体工程学要求，空间尺度大小、空间整体风格和环境氛围相协调。电视背景墙及沙发两侧均可以摆放落地花瓶或大型植物，茶几长宽比要视沙发围合区域或房间长宽比而定。放在客厅的地毯占用较大空间，要选择厚重、耐磨的地毯，铺设方法视地毯面积大小而定，形成统一效果，如要是铺设整个客厅，也要在靠墙处留出 310～460mm 空隙。在选择墙面装饰画上要注意大小尺寸，沙发墙上的挂画和沙发的距离要适中，表面出空间拉伸感。客厅墙面应选择耐久、美观、可清洁面层，墙面装饰要简洁、整体、统一，不宜变化过多。

（2）灯光照明

灯光作用对营造客厅氛围必不可少，客厅照明重点要考虑视听设备区域，直接采光为首选，人工光源应灵活设置，照度与光源色温有助于创造宽松、舒适的氛围。在会客时，采用一般照明，看电视时，可采用局部照明，听音乐时，可采用间接光。客厅的灯具装饰性强，同时要确保坚固耐用，风格与室内整体装饰效果协调。客厅的灯最好配合调光器使用，可在沙发靠背墙面装壁灯。客厅的色彩宜选用中基调色，采光不好的客厅宜使用明亮色调。

（3）陈设的选择

“一个中心，多个层次”是基本原则，要主次分明，体现功能性、层次感和交叉性。灯具造型选择不容忽视，要与整体风格统一。要配好台灯和射灯等光源，以达到新颖、独特的效果。

艺术品陈设，有较强的装饰和点缀作用，如绘画、纪念品、雕塑、瓷器和剪纸等，使用功能不高，但能起到渲染空间、增添室内趣味、陶冶情操的作用，通过对其造型、色彩、内容和材质选择，可给空间增加艺术品位。精美的字画可以丰富室内空间、可以装饰墙面，接受过一定教育且有文化涵养的人喜欢摆放现代、古典和抽象等风格的字画来表现文化背景。雕塑富有韵律和美感，利用好灯光会使雕塑产生很好的艺术效果。添置木雕、竹雕、艺术陶瓷、唐三彩、蜡染和剪纸等工艺品，可提高装饰品位和审美水平。珍藏、收集的物品和纪念品通常会放到搁物架或博古架上，以显示出重要意义。

3. 餐厅设计

餐厅不仅是吃饭的场所，很多家庭会将餐厅设计成既能用餐也能供家人、朋友聚会的地方。住宅内有独立餐厅，也有客厅与餐厅没有明显界限的，有些年轻人还喜欢将餐厅与厨房相连，做成开敞式的餐台。

（1）布局设计

餐厅的布局设计主要是考虑餐桌、餐椅、柜橱的位置。不同户型的餐厅有所不同，如果客厅与餐厅没有明显的分界，那么，摆放一张圆形或方形的餐桌安置在客厅的一头，就成了独立的就餐区域。餐桌摆放在房间中央位置，也会是个大胆的决策，这样更方便家人聚会。如果餐厅空间不够大，也可以将餐桌的一头靠墙摆放，这样做的好处不仅仅只是不占地方，它还能和墙面形成一块整体而独立的就餐区域。独立的餐厅里可以摆放餐桌椅，一般长方形的房间适合摆放长形或椭圆的餐桌。选择合适的餐桌椅摆放在餐厅里很重要，总的原则是餐桌大小、餐厅大小和就餐人数多少相一致。

餐桌应该有760mm高，每一个用餐的人需要460mm宽的空间，要保证餐桌边沿至墙边距离不小于1120mm，如果过道要摆放餐柜，则要留出1370mm以上。餐桌离餐柜的距离应该有910mm，这样才能方便用餐的人拉出椅子坐下。如果餐厅不是很大，可以选择小巧的餐柜，在餐柜上面可以摆放一些别致的艺术品，如一件雕塑、一个装饰性的盘子或是一盆绿色植物。

（2）灯光照明

餐厅的照明主要是餐桌上方的照明，可以选择一个吊灯照亮餐桌，也可以安装壁灯照亮坐在餐桌边用餐的人。吊灯可以和餐厅的家具风格相统一，也可以形成一个强烈的对比。吊灯的尺寸不能过大，最好选择较小的灯，一般吊灯的直径最好是餐桌宽度的一半，并且悬挂在离餐桌面760～910mm的上空，壁灯一般固定在离地面1520mm以上的地方。餐柜上可放置台灯，提供与视线相平行的照明，也可以选择放置漂亮的烛台，蜡烛柔和的光线会让餐厅气氛更为温暖。

（3）设计细节

餐厅空间较为狭小，墙壁的处理可以使餐厅增加几分活力，将餐厅墙面进行亮色处理，能让人食欲大增。当然，选择在墙壁挂幅画或是艺术品，或者放一个小的书架，再放上几本书，都是非常合适的做法。

选择一些色彩、图案丰富的桌椅、椅垫、窗帘和桌布也能让人心情愉悦。布置餐厅家具的时候，不一定要选择成套的家具，可以用不同时期、不同风格的桌椅混搭在一起，相互补充，还可以选择褪色的老家具，搭配一些旧瓷器，营造一种过往的生活情节，同样意趣十足。

4. 厨房设计

现在厨房不再是一个单纯的储存食物、烹饪菜肴的地方，它也可以是一家人共同劳动、欢畅交谈和共同进餐的重要场所。厨房可以说是融入了整个住宅中最多细节元素的地方，除了给排水、煤气、电灯、排气等基础设施之外，还要考虑防水、防火、防污、耐腐蚀等性能的设计。厨房设计的总原则是实用、安全和美观。

（1）布局设计

厨房是做菜、上菜、储存食物和放置厨具的空间，厨房的布局通常围绕三个工作中心分成三个区域：冰箱与储存区域、洗涤区域、烹饪区域。三个区域通常会形成一个“工作三角形”，其三边之和最好保持在4570～6710mm。其中，水槽到灶台的最佳距离控制在双臂伸展开的长度范围内，约1200～1800mm。若两操作台平行，其间距也最好控制在1200～1500mm。

（2）灯光照明

厨房的照明要保证明亮，在顶部可以安装吸顶灯或吊灯，以确保整个厨房均匀照明。选择嵌入式灯安装在厨房也是非常合适的，它可以安装在天花顶部，也可以安装在橱柜底部。如果厨房有独立的工作台，则在工作台上方安装可以照亮整个区域的吊灯，这个吊灯的底部要高于工作台台面910～1220mm。

（3）设计细节

消毒柜不要装在角落里，也不要放在炉灶的旁边。炉灶的两侧至少要留出450mm台面，用来放置盘子和菜碗。冰箱一侧同样要留出300mm以上台面，以便摆放从冰箱里拿出来的食物。洗涤盆两侧都应该留出至少450mm台面。

储存区域是厨房设计的关键，一个成功的厨房设计一定要有宽敞的橱柜。橱柜主要用来储存食物、烹饪用品、多余餐具和洗涤类用品，还有一些小家电也需要放在橱柜中。一般来说，吊柜通常深300～350mm、高760～1070mm，底柜一般深600mm、高800～850mm比较合适，也有高900mm的，吊柜底部至工作台面之间的距离最少为380～460mm，标准距离一般为500～600mm，这样的距离烹饪操作起来更加舒适，并且能摆下比较大的厨房电器，如微波炉。

厨房设计常用的装饰材料应该具有方便清理、不易污损、防火、防热、防湿、耐久等特点，如防火板、釉面砖和防滑砖等。

白色墙面的厨房看起来干净、整洁，但色彩斑斓的墙面能够掩饰墙壁的油污，还能为厨房增添温暖，如红色、橙色、黄色以及绿色。橱柜和墙面的色彩最好要有对比，这样才能凸显橱柜的立体感。

5. 卧室设计

卧室是家居环境的核心。人一生中，睡眠时间超过三分之一。设计中要注意功能空间的合理划分，使卧室空间分区更加清晰，同时要满足老年人在卧室的各种需要，考虑适老化设计。老年人卧室基本功能空间由"1 + 4"组成，睡眠空间为主，储藏空间、阅读空间、休闲活动空间和通行空间为辅。床的长度2000mm，高430mm为宜，床与墙边760mm。卧室对取暖、降温设备的要求较高，睡眠空间宜有适量光照，能消毒杀菌、避开凉风侵扰，要重视卧室门窗、墙壁的隔音效果。卧室的家具风格可混搭不同形状、色彩的家具，形成风格迥异的效果，可选择不同色彩、不同图案的窗帘、床上用品、艺术品或是小块地毯。卧室灯光需光线柔和、浪漫。床头柜摆放台灯或安装壁灯可增加照明区域，要选择适当的色温及光照度，保证睡眠质量。

（1）主卧室设计

主卧室是主人极具私密性的个人生活空间，分为睡眠区、衣物储存区和梳妆区等功能区域，如空间足够大，还可以再分阅读区、休闲区或健身区等。

主卧室的照明可根据功能区域划分情况来设置光照强度，梳妆区应明亮，天花的灯不要过亮，以免直射眼睛，阅读区域照明要明亮一些。

（2）儿童房设计

儿童房设计包括平面设计与室内设计。在平面设计过程中，要综合考虑朝向、面积、开间进深等因素，同时，作为套型整体的一部分，与其他房间的关系也十分重要。学龄前或小学阶段的儿童的儿童房宜与主卧邻近，孩子长大后，空置的儿童房可作为主卧书房、活动间，以提高房间利用率。儿童房需设置睡眠区、学习区、活动区、储藏区与展示区，充分利用空间展现孩子成长足迹。儿童房设计要满足成长过程中各阶段的需求，尽可能地提高房间灵活性。儿童房面积受套型面积制约，存在不同布置方式。要注意尽量减少使用大面积玻璃及镜面材料，要防止高处重物坠落和较大家具倒落砸伤儿童，避免选用有棱角的家具，避免儿童房存在用电隐患，儿童床不临窗，床头上方不要设置物品架，不放置重物或易碎物，衣柜、收纳柜高度灵活调整，以便进行分隔，设置较大综合收纳柜来储存物品，窗户应有防护措施，儿童房门把手设置应适合儿童使用习惯，不应在床正上方设置吊灯，儿童房书桌旁应留出家长辅导的空间，床头灯颜色与位置应合理，避免对儿童视力产生不利影响，床头附近宜增设夜灯插座。

（3）老人房设计

老年人使用的家居用品高低和大小要合适，家具不能太高，选用低矮柜子。在家具造型方面，选用全封闭式最好，避免落灰尘。家具上半部分尽量少放置日常用品，下面储物空间和抽屉数量可适当增多。抽屉的设置上，最下面一层不要过低和过深，要让老人使用时感到舒适，抽屉把手位置尽可能提高。还要考虑家具稳固性，建议选择实木家具，固定式家具最好。给老人选择家具时要从老人生活习惯出发，突出功能性和个性，可配置带按摩功能的产品、舒适沙发椅、具有磁疗功能的产品等。家具静音设置不容忽视，睡眠质量对老人很重要，带有阻尼的抽屉声响较小，很受老人们欢迎。居室内工艺品搭配设计要与使用者进行交流，为老人们选择合适的工艺品和装饰品，可将书法、绘画、摄影作品等作为主要装饰物。如果老人喜欢练习书法，可选择条案、砚台等物件。

（4）衣帽间设计

衣帽间一般位于卧室和浴室就近位置，用来存放衣裤、鞋帽、领带、珠宝、被子、席子、行李箱等物品。衣帽间设计要具有人性化，可根据住宅面积大小和衣物多少选择独立步入式或嵌入式衣帽间。除此之外，衣帽间应该安装较大更衣镜，还要保证足够多的挂衣空间。

6. 书房设计

书房是阅读、书写以及业余学习、研究、工作的空间，能体现居住者修养、爱好和情趣。独立式书房主要以阅读、书写和电脑操作为主。当然，并不是所有家庭都有足够空间来布置一间独立书房，如果没有独立书房，可以在住宅任何一个地方设置“阅读角”，比如客厅、卧室、餐厅、过道或是阁楼一角。无论是独立式书房还是“阅读角”，在设计时都应体现简洁、明快、舒适、宁静的设计原则。总之，设计师要先详细了解信息后再做适当空间规划。特别要注意一些特殊职业的业主的书房设计,比如绘画工作者、书法爱好者、自由设计师和职业作家等。

书房的主要家具是书柜、书架、书桌椅或沙发等,在选择书房家具时,除了要注意书房家具的风格、色彩和材质外,还必须考虑家具的尺寸。书桌、书架和书柜可以购买成品家具,也可以定制,一般根据房间结构来定制家具比较合理,但书架与书柜大小也要根据主人藏书量来决定。

书房最好的照明就是自然光,但如果窗户朝南,书桌要与窗户有一定距离或角度,避免阳光直射,刺激眼睛。

书房是住宅中文化气息最浓的空间,房间内色彩宜选择冷色调,如蓝、绿、灰紫等,尽量避免跳跃和对比的颜色。在与住宅整体风格不冲突情况下,做到典雅、古朴、清幽、庄重。

7. 卫生间设计

人们每天醒来第一个去的地方就是卫生间,所以,一个家庭里拥有一个干净、美观的卫生间是很重要的。可以说,卫生间是住宅中面积最小的地方,但它要满足人们洗漱、沐浴和保健等不同需求。因此,在设计时应注意以下几个方面。

(1) 布局设计

如果卫生间很大,则可以按区域及活动形式分类来布置,如分为卫生间、洗漱间、沐浴间等。卫生间的基本设备是便器、毛巾架、洗脸盆和储物柜等。卫生间的空间大小决定了马桶、蹲便器、浴缸或洗面盆的尺寸。一般,便器如马桶或蹲便器前端线至墙间距不少于 460mm,马桶纵中线至墙间距不少于 380mm,洗面盆前端线至墙间距不少于 710mm,洗面盆纵中线至墙间距不少于 460mm。如果放置两个洗面盆,则至少要留出 1500mm 工作台面。浴缸纵向边缘至墙边至少要留出 900mm 间距。

(2) 灯光照明

卫生间最好的照明方式是采用自然光,大面积窗户不仅能提供良好光线,还有助于通风。如果卫生间空间足够大,还可以安装壁灯、蜡烛灯或化妆灯等。因卫生间较为潮湿,所以灯具一定要以防水灯具为主。卫生间灯光要柔和,不宜直接照射。保证卫生间通风也非常重要,一般需要安装换气扇,以方便空气流通。

第二节　办公室空间设计

一、办公室空间设计基本概念

好的办公室设计能够让企业员工在工作上发挥能动性，帮助员工活跃思维和决策事务，也能够给人良好的精神文化需求，使工作变成一种享受，让安静、舒适的感觉洋溢在整个空间里。

开放式办公室最早兴起于 20 世纪 50 年代末的德国，这种风格在现代企业办公场所中比较常见。开放式办公室利于提高办公设备利用率和空间使用率。

开放式办公室在设计中要严格遵循人体工程学所规定的人体尺度和活动空间尺寸来进行合理安排，以人为本进行人性化设计，注意保护办公人员的隐私，尊重他们的心理感受，在设计时应注意造型流畅、简洁明快。

智能办公室具有先进的办公自动化系统，每位成员都能够利用网络系统完成各自业务工作，同时通过数字交换技术和电脑网络使文件传递无纸化、自动化，可设置远程视频会议系统。在设计此类办公系统时应与专业设计单位合作完成，特别在室内空间与界面设计时应予以充分考虑与安排。

会议室是办公室空间中重要的办公场所，会议室平面布局主要根据现有空间大小、与会人数多少及会议举行方式来确定，会议室的设计重点是会场布置，要保证必要活动及交往、通行的空间。墙面要选择吸声效果好的材料，可以通过采用墙纸和软包来增加吸声效果。

通道是工作人员必经之路，主通道宽度不应小于 1800mm，次通道不应小于 1200mm。在设计上应简洁大方，在无开窗情况下，要用灯光烘托出良好氛围。

二、办公室设计宗旨

（一）知识目标

1. 掌握客户情况调查表、公司员工岗位情况调查表和项目调查表的编制方法。

2. 掌握办公空间设计项目调研、客户调研、市场调研的方法及调研内容。

3. 掌握办公空间设计资料的收集、分析和整理的方法。

4. 掌握办公空间设计流程，掌握办公空间设计的原则、原理和方法。

（二）能力目标

1. 培养学生项目现场勘察和项目现场测绘的能力。

2. 培养学生方案分析与方案设计能力。

3. 培养学生设计创新能力。

4. 培养学生的施工图与效果图绘制能力。

5. 培养学生设计文案撰写能力及方案解说能力。

（三）素质目标

1. 培养学生良好的职业道德和责任感。

2. 培养学生自学能力、沟通能力和团队协作能力。

3. 培养学生独立分析问题和解决问题的能力。

三、办公室设计基础

（一）办公空间设计程序

1. 设计准备阶段

设计准备阶段的主要工作有以下几点。

（1）接受客户的设计委托任务。

（2）与客户进行广泛而深入的沟通，充分了解客户的公司文化、工作流程、职员人数及其工作岗位性质、职员对空间的需求、项目设计要求及投资意向等基本情况，明确办公空间设计的任务和要求。

（3）到项目现场了解建筑空间内部结构以及其他相关设备安装情况，最好先准备项目现场的土建施工图，到现场实地测绘，并进行全面、系统的调查分析，为办公室设计提供精确、可靠的依据。

（4）到项目现场了解室内建筑构造情况，测量室内空间尺寸，并完成办公空间的初步设计方案。

（5）明确办公空间设计项目中所需材料的情况，并熟悉材料的供货渠道。

（6）明确设计期限，制定工作流程，完成初步预算。

（7）与客户商议并确定设计费用，签订设计合同，收取设计定金。

2. 方案初步设计阶段

（1）收集和整理与本办公空间设计项目有关的资料与信息，优化平面布置方案，构思整体设计方案，并绘制方案草图。

（2）优化方案草图，制作设计文件。

（3）方案深化设计阶段

通过与客户沟通，确定好初步方案后，就要对设计方案进行完善和深化，并绘制详细施工图。最后还应向客户提供材料样板、物料手册、家具手册、设备手册、灯光手册、洁具手册和五金手册等。

（4）项目实施阶段

设计师通过与施工单位的合作，将设计方案变成现实。在这一阶段，设计师应协助客户办理消防报批手续，还应该与施工人员进行广泛沟通和交流，定期视察工程现场，及时解答现场施工人员遇到的问题，并进行合理的设计调整和修改，确保在合同规定期限内高质量地完成项目。

（5）设计回访阶段

在项目施工完成后，设计师应绘制完成竣工图，同时还应进行继续跟踪服务以核实自己设计的方案取得的实际效果，回访形式可以是面谈或电话回访。总之，回访能提高设计师的设计能力，对其未来发展有重要的意义。

（二）办公空间设计原则

1. 人性化原则

在当今社会提倡尊重人们个性化追求的背景下，个性化办公空间设计要尊重员工基本的工作与生活需求，再努力创造其精神家园，所以其根本是人性化，以人为本。设计作品要符合人机工程学、环境心理学、审美心理学等要求，要符合人的生理、视觉及心理需求等，形成舒适、安全、高效和具艺术感染力的工作场所，提高工作效率。著名的谷歌公司在办公室设计方面充分考虑人性化这一设计理念，根据员工工作习惯和个人喜好，尊重意愿，展现独特装饰风格。

2. 可持续原则

针对当前环境问题，我国提出了可持续发展战略。为顺应可持续发展战略，办公空间个性化设计也一定要体现绿色、环保、节能的理念，节约能源和资源应成为设计师始终要思考的问题，低碳、环保应成为办公空间设计优劣的最重要考核标准,此倡议并不是对办公空间个性化设计的制约,反而可以让设计师拓宽设计思路,将自然元素融入工作场所,添加自然情趣,消除员工疲劳,同时强调自然、可再生材料的应用,减少耗能和不可再生材料的使用,达到节能环保、可持续发展的目的。

3. 适度原则

办公空间设计个性化固然重要,但也要视具体情况而定,不要忽视设计的意义,要明确设计工作的主要任务。办公空间的最终用途是为工作提供场所,人们能否更好、更高效地工作才是评定的终极标准,所以设计要适度和切合实际,过度追求所谓艺术形式会让设计浮于表面,失去其实用性。适度设计不仅体现在设计形式,还有使用功能的安排布置,还要考虑施工周期及工程造价。当我们强调办公空间的形式感和空间的艺术感染力时,还要注意适度的原则。

（三）办公空间室内设计

1. 办公空间的门厅设计

门厅是进入办公空间后的第一个印象空间,也是最能体现企业文化特征的地方,因此,在设计时应精心处理。前厅处一般设传达、收发、会客、服务、问询、展示等功能空间。综合办公楼的门厅处要设有保安、门禁系统,并且要标明该办公楼内所有公司的名称及所在楼层。

门厅最基本的功能是前台接待,它是接待、洽谈和客人等待的地方,也是集中展示公司企业文化、规模和实力的场所。门厅可以以接待台及背景进行展示,使来访者第一眼见到的就是公司标志、名称和接待人员。也可在前台空间之前设计一个前导空间,同时在此营造一种特殊企业文化来吸引人的视线和来访者的关注。

门厅设计时应注意以下几点：

（1）门厅主要是满足接待、等候及内部人员“打卡出勤”记录等功能要求,因此,不宜设计得复杂,力求简单而独特。

（2）门厅设计应该以接待台与 Logo 形象墙为视觉焦点,将公司具代表性的设计运用到装饰设计中去,如公司标志、标准色等,结合独特灯光照明,给来访者留下强烈而深刻的印象。

（3）门厅的照明以人工照明为主,照度不宜太低,使用明亮的灯光突出公司名称和标志。

（4）门厅接待台的大小要根据前厅接待处的空间形状和大小而定，一般会比普通工作台长。接待台高度要考虑内外两个尺寸：接待人员在内，一般采用坐姿工作，因此，台面高度一般为 700 ～ 780mm，访客在外，台面高度要符合站姿要求，一般为 1070 ～ 1100mm。

（5）接待台要考虑设置电源插座、电话、网络和音响插座，还要考虑门禁系统控制面板的安装位置等，较小的公司也可以将整个公司的照明开关安放在前台接待处，以便于控制照明。

2. 办公室设计

（1）单间式办公室

单间式办公室是由隔墙或隔断所围合而形成的独立办公空间，是办公室设计中比较传统的形式，一般面积小，空间封闭，具较高私密性，干扰相对较少。典型形式是由走道将大小近似的中、小空间结合起来呈对称式和单侧排列式，这种形式一般适用于政府机关单位。

（2）单元式办公室

该类办公室一般位于商务出租办公楼中，也可以独立的小型办公建筑形式出现，包括接待、洽谈、办公、会议、卫生、茶水、复印、贮存、设备等不同功能区域，独立的小型办公建筑无论建筑外观还是室内空间都可以运用设计形式充分体现公司形象。

（3）开放式办公室

开放式办公室是灵活隔断或无隔断的大空间办公空间形式，这类办公室面积较大，能容纳若干成员办公，各工作单元联系密切，有利于统一管理，办公设施及设备较为完善，交通面积较少，员工工作效率高，但这种办公室存在相互干扰，私密性较差。

（4）半开放式办公室

半开放式办公室的办公位置一般也按照工作流程布局，但员工工作区域用高低不等的隔板分开，以区分不同工作部门。因为隔板通常只有齐胸高，因此，当人们站起身来时，仍然可以看到其他部门员工座位。这种办公室相对减少了员工相互干扰的问题，私密性较开放式办公室相对来说好一些。

（5）景观式办公室

景观式办公室的设计理念是注重人与人之间的情感愉悦、创造人际关系的和谐。该类办公室既有较好的私密环境，又有整体性和便于联系的特点。整个空间布局灵活，空间环境质量较好。由于它的设计理念与企业追求个性、平等、开放、合作的经营理念相同，因此，被全世界广泛采用。

（6）公寓式办公室

公寓式办公室是由物业统一管理，根据使用要求可由一种或数种单元空间组成。单元空间包括办公、接待和生活服务等功能区域，具有居住及办公的双重特性。一般设有办公室、会客空间、厨房、贮存间、卫生间和卧室等辅助办公空间。其内部空间组合时注意分合，强调共性与私密性的良好融合。

3. 会议室设计

（1）普通会议室设计

一般为小型会议室。有适宜温度、良好采光与照明，还有较好的隔声与吸声处理。会议室的照明以照亮会议桌椅区域为主，并要设法减少会议桌面的反射光。主要的设施有会议桌、会议椅、茶水柜、书写白板。总的来说，普通会议室要简洁、大方。

（2）多功能会议室设计

多功能会议室一般多为中、大型会议室。与普通会议室相比，设备更先进，功能更齐全，配有扩声、多媒体、投影、灯光控制等设施。在设计时，要考虑消防、隔声、吸声等因素。多功能会议室的光线应明亮，不过外窗应装有遮光窗帘。明亮的光线能让人放松心情，烘托愉快、宽松的洽谈氛围。

4. 接待室设计

接待室是企业对外交往的窗口，主要用于接待客户、上级领导或是新闻记者，其空间大小、规格一般根据企业实际情况而定，位置可与前厅相连。接待室可以是一个独立的房间，也可以是一小块开放区域。接待室宜营造简洁而温馨的室内氛围。室内一般摆放沙发、茶几、茶水柜、资料柜和展示柜等。

5. 陈列室设计

陈列室是展示公司产品、企业文化，宣传单位业绩的对外空间。可以设置成单独的陈列室，也可以利用走廊、前厅、会议室、休息室或接待室等的部分空间或墙面兼作局部陈列展示。陈列室设计重点是要注意陈列效果。

6. 卫生间设计

公共卫生间距最远的工作地点不应大于50m。卫生间里小便池间距约为650mm，蹲便器或坐便器间距约为900mm。卫生间可配备隔离式坐便器或蹲便器、挂斗式便池、洗面盆、面镜和固定式干手机等。卫生间设计应以方便、安全、易于清洁及美观为主。同时，还要特别注意卫生间的通风设计。

7. 服务用房和设备用房设计

（1）服务用房设计

档案室、资料室、图书阅览室和文印室等类型的空间应保持光线充足、通风良好。存放人事、统计部门和重要机关的重要档案与资料的库房以及书刊多、面积大、要求高的科研单位的图书阅览室，则可分别参照档案馆和图书馆建筑设计规范要求设计。现代办公空间设计越来越人性化，因此，常常会在办公空间中设置员工餐厅或茶水间。

（2）设备用房设计

设备用房包括电话总机房、计算机房、变配电房、空调机房、晒图室等。这类空间应根据工艺要求和选用机型大小进行建筑平面和相应室内空间设计。

8. 办公空间照明设计

办公空间照明设计时首先要选择符合节能环保的光源和灯具，要考虑到色温、显色指数、光效和眩光四个因素。宜选择发光面积大、亮度低的曲线灯具。合理利用自然光，对办公建筑重点区域的照明进行优化设计，节能、舒适且人性化是合理的设计方案。要根据门厅、会议室、报告厅、餐厅、电梯厅、卫生间、走廊的功能和特点，有针对性地对办公建筑中具有优化潜力的区域进行优化设计，达到节能、舒适与丰富空间照明层次的效果。

四、办公室的设计要求与界面处理

（一）办公空间设计要求

空间设计要解决的首要问题是如何使员工以最有效的状态进行工作，这也是办公空间设计的根本，而更深层次的理解是透过设计来对工作方式产生反思。

（二）办公空间界面处理

1. 平面布局

根据办公功能对空间的需求来阐释对空间的理解，通过优化的平面布局来体现独具匠心的设计。

（1）平面布局设计首先应将功能性放在第一位。

（2）根据各类办公用房的功能以及对外联系的密切程度来确定房间位置，如门厅、收发室、咨询室等，会客室和有对外性质的会议室、多功能厅设置在临近出、入口的主干道处。

（3）安全通道位置应便于紧急时刻进行人员疏散。

（4）员工工作区域是办公空间设计中的主体部分，既要保证员工私密空间，同时也要保证工作时的便利功能，应便于管理和及时沟通，从而提高工作效率。

（5）员工休息区以及公司内公共区域通常是缓解员工工作压力、增加人与人之间沟通的地方，让员工拥有更愉快的工作体验。

（6）办公室地面布局要考虑设备尺寸、办公人员的工作位置和必要的活动空间尺度。依据功能要求、排列组合方式确定办公人员位置，各办工人员工作位置之间既要联系方便，又要尽可能避免过多穿插，减少人员走动时干扰其他人员办公。

2. 侧立面布局

办公室侧立面是我们感受视觉冲击力最强的地方，它直接显示出对办公室氛围的感受。立面主要从四个方面进行设计：门、窗、壁、隔断。

（1）门。门包括大门、独立式办公空间的房间门。房间门可按办公室的使用功能、人流的不同而设计。有单门、双门或通透式、全闭式、推开式、推拉式等不同使用方式，有各种造型、档次和形式。当同一个办公空间出现多个门的时候，应在整体形象的主调上将造型、材质、色彩与风格相统一、相协调。

（2）窗。窗的装饰一般应和门及整体设计相呼应。在具备相应的窗台板、内窗套的基础上，还应考虑窗帘的样式及图案。一般办公空间的窗帘和居室的窗帘有些不同，尽量不出现大的花色、图案和艳丽色彩。可利用窗帘多样化特性选用具有透光效果的窗帘来增加室内气氛。

（3）墙。墙是比较重要的设计内容，它往往是工作区域组成的一部分，好的墙面设计可以给室内增添出人意料的效果。办公室的墙面通常有两种结构，一是由于安全和隔声需要而做的实墙结构，一是用玻璃或壁柜做的隔断墙结构。

①实墙结构。要注意墙体本身的重量对楼层的影响，如果不是在梁上的墙，应采用轻质或轻钢龙骨石膏板，但在施工的时候一定注意隔声和防盗要求，采用加厚板材，加隔声材料、防火材料等方法。

②玻璃隔断墙。玻璃隔断墙是一般办公室较为常用的装饰手段，特别是在走廊间壁等地方。一是领导可以对各部门的情况一目了然，便于管理；二是可以使同样的空间显得明亮宽敞，加上磨砂玻璃和艺术玻璃的加工，又给室内增添不少情趣。

墙的装饰对美化环境、突出企业文化形象起到重要作用。不同行业有不同的工作特点，在美化环境的同时还应突出企业文化，设计创意公司可将自己的设计或创意悬挂或摆放出来，既装点墙面，又宣传公司业务。墙面还可以挂一些较流行的、韵律感强的或抽象的装饰绘画作装饰，还可悬挂一些名人字画或摆放具有纪念意义的艺术品。

3. 顶界面设计

顶部装饰手法讲究均衡、对比、融合等设计原则，吊顶的艺术特点主要体现在色彩变化、造型形式、材料质地、图案安排等。在材料、色彩、装饰手法上应与墙面、地面协调统一，避免太过夸张。顶棚的分类有很多方式，按顶棚装饰层面与结构等基层关系可分为直接式和悬吊式。

五、办公室空间设计实训

在设计中既要满足空间的功能性、实用性，又要满足人们的感官享受及心理与情感上的需求。要了解材料的价值与功能，材料与技术必须根据设计用途合理使用。要对空间的组织与形态有充分的认知和了解。在体验室内过程中，不断调动各种感官来体验空间形状、大小、远近、方位、光线变化，感受空间给人的直观心理感受，从而获得对空间的整体认知。在了解常规材料种类、性能、质感、构造基础上，关注新材料，适当运用可使自己的作品富有新意。在进行色彩计划中，要符合使用空间的功能和使用者的喜好、风俗习惯。根据采光条件合理地布置光源及照度，以满足人们视觉功能的需要。注重陈设设计与室内空间和谐统一，可利用家具来划分、丰富、调节空间，利用艺术品来塑造空间意境，利用绿化来净化空气、美化环境、陶冶情操，提高工作效率，改善和渲染气氛。

优秀的办公空间设计能给人一种整体风格，富有视觉冲击感，这也是设计风格的一种发展趋势。

（1）注重客户和员工的反映，使设计得到他们的认同，进而增强企业凝聚力和社会公信力。

（2）通过精心的平面布局，使各个空间既有个性又与整体风格保持一致。

（3）在大面积用料上规整、庄重，例如600mm×600mm块形吊顶和地毯，已经成为一种办公室标识。

（4）重复使用企业独有设计元素，使其成为企业标识。

1. 设计任务书

（1）设计理念

坚持以人为本原则，融入现代设计理念，将使用功能与精神功能相结合，合理划分空间顶面、地面、墙面等界面，使室内设计风格、功能、材质、肌理、颜色等突出该企业的整体形象，在功能上能满足办公人员需求，从而提高员工整体工作效率，并能从中获得工作乐趣，减轻工作压力。

（2）设计内容

尽最大努力满足业主实际要求。在引领设计潮流的同时要符合市场规律，在设计时既要尊重甲方现实需要，又要做到能够引导甲方思想，使甲方理解设计师设计意图，只有相互合作才能创作出优秀作品。

（3）图样表达

①室内平面图和顶面图。

②主要空间的各个立面图。

③设计草图。

2. 设计过程

（1）分析

首先要了解业主基本情况、知识掌握程度、文化水平高低以及对空间使用、环境形象要求，以及业主对本企业发展规划及市场预测的了解程度。详细了解办公室坐落地点、楼层、总面积、东西或南北朝向、甲方使用功能、公司人员数量、工作人员年龄和文化层次，还要了解公司性质及工作职能。

资金投入多少直接影响设计水准，离开充分的资金支持一切都为空谈。只有分析并了解设计对象，才能明确设计方向，充分做好准备，合理、高效地进行系统设计。

（2）空间初步规划

空间规划是设计的首要任务，主要工作是确定平面布局和各个使用空间的具体位置。根据企业职能需求及办公特征，与业主进行沟通后确定设计思路。

①确定空间设计目标

办公空间设计目标是为工作人员创造一个以人为本的舒适、便捷、高效、安全、快乐的工作环境，其中涉及建筑学、光学、环境心理学、人体工程学、材料学、施工工艺学等诸多学科内容，涉及消防、结构构造等方面内容，还要考虑审美需要和功能需求。

②确定主要功能区域

门厅是员工和客户进入办公区域的第一空间，是企业的形象窗口，是通向办公区的过渡和缓冲，因此，对门厅的设计要引起人们重视，从立意上吸引人，从构思上抓住人，从材料运用上给人以新鲜感。

通道是连接各办公区的纽带，是办公人员的交通要道，是安全防火的重要通道，是展示企业形象的橱窗，另外，它还起着心理分区的功能。通道不仅是指封闭的空间，每个不同区域之间也是通道范畴。

办公室是主要工作场所，包括独立式办公室和开敞式办公室，是设计中最重要的部分，也是设计种的核心内容。

会议室是集体决策、谈判的场所。

接待室是对外交往和接待宾客的场所，也可供小型会议使用。

休闲区是员工缓解压力、休息、健身、娱乐的场所。

资料室是员工查阅资料、存储文件的空间。

其他辅助用房，包括卫生间、杂物间、库房、设备间等。

（3）进行深入设计

在考虑平面布局各个要素后，就要对各个空间进行深入设计。在设计时要注意整体空间设计风格的一致性，考虑好空间的流线问题，仔细计算空间区域面积，确定空间分隔尺度和形式。

之后，要根据设计思路进行室内界面设计，在设计中要考虑空调、取暖设备、消防喷淋及设备管道位置，在顶面设计中可根据地面功能和形式进行呼应，通过造型变化来解决技术问题。

①顶面设计。在设计大办公室的顶面时，一般要简洁、不杂乱、不跳跃，而在门厅、会议室、经理室和通道等处最好设置造型别致的吊顶，以烘托房间主题及氛围。

天棚的照明设计首先要满足功能需要，还能起着烘托环境气氛的作用，因此，对照度要求比较高，可设置普通照明、局部照明及重点照明等方式，以满足不同情况需求。尽量避免采用高光泽度材料，以避免产生眩光。

②立面设计。立面是视觉上最突出的位置，要新颖、大方并有独特的风格，内容和形式是复杂和多姿多彩的。在空间立面设计时，应该和平面设计的风格相统一，在造型上和色彩上同样需要和谐。

③设计草图。做完立面设计后，要勾勒出空间透视草图，将空间各个面及家具都表现出来，在勾勒过程中及时发现问题、及时修改，不断调整方案，直到满意为止。

④施工图绘制。以上步骤完成之后，进行大样和施工图设计，并最终完成。一套完整图样包括平面图、顶面图、立面图、效果图、节点大样图，此外还要给甲方提供材料清单、色彩分析表、家具与灯具图表清单等。

在设计时，还要考虑材料各种特性。对施工及施工工艺的了解是施工的先决条件，设计再好，施工不了也只能是纸上谈兵。

因此，作为一名设计师，一定要了解当今社会潮流及发展趋势，并做出准确判断，加深对世界文化及本国文化的理解及融合，不断地接触新鲜事物来丰富设计元素，不断了解新材料、新工艺的变化及发展，提高自己的设计技巧，这样我们才能创作出被社会所接受的优秀设计项目。

第三节　餐饮空间设计

一、餐饮空间设计宗旨

（一）知识目标

1. 掌握客户情况调查表、目标消费人群情况调查表、餐饮店工作人员情况调查表和项目调查表的编制方法。

2. 掌握餐饮空间设计项目调研、客户调研、市场调研的方法及调研内容。

3. 掌握餐饮空间设计资料的收集、分析和整理的方法。

4. 掌握餐饮空间设计流程，掌握餐饮空间设计的原则、原理和方法。

（二）能力目标

1. 培养学生项目现场勘察和现场测绘能力。

2. 培养学生方案分析与方案设计能力。

3. 培养学生设计创新能力。

4. 培养学生的施工图与效果图绘制能力。

5. 培养学生设计文案撰写能力及方案解说能力。

（三）素质目标

1. 培养学生良好的职业道德和责任感。

2. 培养学生自学能力、沟通能力和团队协作能力。

3. 培养学生独立分析问题和解决问题的能力。

二、餐饮空间设计基础

（一）餐饮空间类型

餐饮空间是餐厅、宴会厅、咖啡厅、酒吧及厨房的总称。按国家和地区不同，可以将餐饮空间分为中餐厅、西餐厅、日式餐厅等多种类型。按餐饮品种不同可将餐饮空间分为餐馆、饮品店和食堂等。餐馆以饭菜为主要经营项目，如经营中餐、西餐、日餐、韩餐的餐厅。饮品店以冷热饮料、咸甜点心、酒水、咖啡、茶等饮品为主要经营项目，如茶馆、咖啡馆、酒吧等。食堂是指机关、厂矿、学校、企业、工地等单位设置的供员工、学生集体就餐的非营业性的专用福利就餐场所。

1. 中餐厅

中餐厅是供应中餐的场所。根据菜系不同，中餐厅可分为鲁、川、苏、粤、浙、闽、湘、徽八大菜系及其他各地方菜系餐馆，有的餐馆还推出各种创意菜或创新菜系，经营中餐成为餐饮店的主流方向。中餐厅的设计元素主要取材于中国古代建筑、家具和园林设计，如运用藻井、斗拱、挂落、书画、传统纹样和明清家具等进行装饰。

2. 西餐厅

因为烹饪形式、用餐形式和服务形式的不同，西餐厅的设计与中餐厅大不相同。可以利用烛光、钢琴和艺术品来营造格调高雅的室内氛围。

3. 风味餐厅

风味餐厅的设计可以和特色的餐饮文化相结合，在设计上强调地域性、民族性和文化特征，如可以采用一些具有鲜明地域与民族特色的绘画、雕塑、手工艺品等突出其设计主题，也可以用一些极具特色的陈设品来点缀和突出设计主题。

4. 咖啡馆

咖啡馆主要是为客人提供咖啡、茶水、饮料的休闲和交际场所。因此，在设计咖啡馆时要创造舒适、轻松、高雅、浪漫的室内氛围。

5. 酒吧

酒吧是提供含有酒精或不含酒精的饮品及小吃的场所。功能齐全的酒吧一般有吧厅、包厢、音响室、厨房、洗手间、布草房（换洗衣室）、储藏间、办公室和休息室等。酒吧设备包括吧台、酒柜、桌椅、电冰箱、电冰柜、制冰机、上下水道、厨房设备、库房设备、空调设备、音响设备等。现在有许多酒吧还添置了快速酒架、酒吧枪、苏打水枪等电子酒水设备。

6. 茶馆

茶是全世界广泛饮用的饮品，种类繁多，具有保健功效，它不仅是一种饮品，还是一种文化。我国的茶文化源远流长，自中唐茶圣陆羽所著《茶经》面世，饮茶由生活习俗变成文人追求的一种精神艺术文化。如今品茶也成了一种以饮茶为中心的综合性群众消费活动，各类茶馆、茶室成为人们休闲会友的好去处。茶馆的设计不仅要满足其功能要求，还应在设计上反映饮茶者的思想和追求，其室内氛围应以古朴、清远、宁静为主。

7. 快餐厅

快餐厅的设计要体现现代生活的快节奏，快餐厅的用餐者一般不会花太多时间就餐，也不会过多注意室内环境，所以在设计快餐厅时可以利用色彩的变化、实用而美观的桌椅和绿色植物来创造明快、简洁、干净的环境，在设计快餐厅时要注重功能布局。

（二）餐饮空间设计组成部分

1. 入口区

入口区是餐饮空间由室外进入室内的一个过渡空间，为了方便车辆停靠或停留，一般在入口外部要留有足够大的空间，同时应有门童接待，进行车位停靠引导，入口内侧应设有迎宾员接待、引导等服务的活动空间。如果餐饮店空间足够大，还可以单独设置休息区域、等候区域和观赏区域。入口内外功能区服务反映了一个餐饮店的服务标准，同时也能为餐饮店起到良好的宣传作用。入口区的设计应让顾客觉得舒适、放松和愉悦，因此，在照明、隔音、通风和设计风格等各方面都要做细致考虑。

2. 收银区

收银区主要是结账收银，同时也可作为衣帽寄存处，因此，一般设置在餐饮店的入口处。服务收银台是收银区不可少的配套设施，它可以体现餐饮店的企业形象，给顾客走进和离开餐厅时留下深刻的印象。同时，合理的收银台设计可以加快人员流通，减少顾客等待时间。收银台长度一般根据收银区面积来决定，不宜过长过大，否则会占用营业区面积，影响餐饮店正常经营。收银台需要摆放电脑、电脑收银机、电话、小保险柜、收银专用箱、验钞机和银行 POS 机设备等各种物品。小型餐饮店收银台后还可以设置酒水陈列柜，主要为顾客提供饮料、茶水、水果、烟和酒等物品。

收银区还可以兼作衣帽寄存处，当然小型餐饮店与快餐店出于经营角度和营利目的可以考虑不予设置。设置在大型购物空间内的餐饮店应该考虑衣帽寄存区，因为就餐的顾客大多是购物完去就餐的，他们往往手里会提着很多物品，让他们轻装上阵地去享受正餐是对顾客最人性化的关怀。

3. 候餐区

根据经营规模和服务档次的不同，候餐区的设计处理有较大区别。由于候餐区属于非营利性区域，应根据上座率情况进行功能布局，在设计上也应该结合市场体现商业性。同时在候餐区可放置一些酒类、饮料、茶点、当地特产、精品茶具和餐具等，以刺激顾客的潜在消费需求，促进餐厅盈利。

4. 就餐区

就餐区是餐厅空间的主要部分，它是用餐的重要场所。就餐区配有座位、服务台和备餐台等主要设施，其常见的座位布置形式有散座、卡座或雅座和包间三种形式。就餐区的布局要考虑动线的设计、座位和家具的摆放、人体工程学尺寸的运用、环境氛围的营造等诸多内容，如顾客的活动和服务员服务动线要避免交叉设计，以免发生碰撞。

5. 厨房区

厨房是餐厅运营中生产加工的空间，厨房的规模一般要占到餐饮店总面积的 1/3，但是由于餐厅类型不同，这个比例会有很大的出入，如以中国传统文化为主题的中餐厅设计为例，厨房面积一般占餐厅总面积的 18% ～ 30%。

根据生产工艺流程可以将厨房区分为验收区、储藏区、加工区、烹饪区、洗涤区和备餐区等多个功能区域。厨房的功能性比较强，在整体规划时应以实用、耐用和便利为原则，严格遵循食品的卫生要求进行合理布局，同时还要考虑通风、排烟、消防和消除噪音等各方面要求。

6. 后勤区

后勤区是确保餐厅正常运营的辅助功能区域，后勤区由办公室、员工内部食堂、员工更衣室与卫生间等功能区域组成。在实际设计工作中，设计师应根据每家餐厅不同的特点来规划空间，灵活处理，为每个餐厅量身定做设计方案。

7. 通道区

通道区是联系餐饮店各个空间的必要空间，通道区的设计主要考虑流线的安排，要求各个流线不交叉，尽量减少迂回曲折的流线，同时保证通道的宽度要适宜，过窄的通道不利于人流的疏散。通道区也是餐饮店的宣传窗口，因为顾客在行走的过程中就可以体验餐饮店的设计理念，良好的通道设计可以让顾客放松压力，舒缓精神，进而保持愉快的心情。

8. 卫生间

卫生间应干净、整洁。如果条件允许的话，最好增加单独的化妆空间。

卫生间的面积可根据餐饮店总面积而定，入口位置要相对隐蔽，避免就餐的顾客直接看到。卫生间的设计除了要注意人体工程学的运用，注意通风和换气，还应该考虑残疾人、老人和儿童使用时是否方便。

（三）中餐厅室内设计

1. 中餐厅设计前期调研

（1）客户调研

与客户及餐饮店每一个工作成员进行广泛而深入的沟通交流，了解客户的经营角度和经营理念，明确客户对中餐厅设计的要求，如对中餐厅设计的功能需求、风格定位、个性喜好、预算投资等。准备餐饮店工作人员工作情况调查表和客户情况调查表，请相关人员填写，并与客户交流，表达初步的设计意图。

（2）项目调研

①项目现场勘察。目的是看现场是否和甲方提供的建筑图样有不相符之处，了解建筑及室内的空间尺度和空间之间的关系，熟悉现有建筑结构和建筑设备，如了解和记录建筑空间的承重结构、消防墙、现场的建筑设备、管道和接口等的位置。如果是改建工程，则需查看项目原有的逃生和消防设计是否合理，原电压负荷是否充足，是否需要增加电缆数量等，调查项目现场周边环境情况、人流量、交通和停车位状况。项目现场的地理位置会影响到厨房的设计，如城市郊区或边远地方一般没有菜市场，买菜十分不便，需要在厨房准备更多的储存设备来放菜，在平面规划时，厨房的储存空间就要更大。

②项目现场测绘。项目现场测绘是设计前期准备工作中十分重要的环节，通过工程项目现场测绘可以了解餐厅装修前现场的具体情况，查看现场是否和甲万提供的建筑图样有不相符之处，能让设计师实地感受建筑及室内的空间尺度和空间之间的关系，为下一步的设计工作做好有针对性的前期准备工作。

现场测绘一般利用水平仪、水平尺、卷尺、90 度角尺、量脚器、测距轮、激光测量仪、数码照相机或数码摄像机等工具测量并记录各室内平面尺寸、各房间的净高、梁底的高和宽、窗高和门高。特别注意一些管道、设施和设备的安装位置，例如坐便器的坑口位置、给排水的管道位置、水表和气表等的安装位置等，要将这些设备的具体位置在图样上详细、准确地记录下来。还要注意室内空间的结构体系、柱网的轴线位置与净空间距、室内的净高、楼板的厚度和主、次梁的高度。

（3）市场调研

①地域文化调研。一个地区独特的自然条件、历史积淀、街巷风貌、风土人情、文化传统和意识形态乃至共同的信仰和偏好可以作为餐饮设计主题确定的切入点，所以，在设计前期可以去查阅地方志、人物志来详细了解当地的地域文化。

②同行调研。主要调研当地中餐厅的经营规模和经营状况，以及菜品品种、菜品价格、服务和室内环境等，同时对它们进行实力排名，分析中餐厅经营成功的原因，如管理水平先进，服务优秀，还是菜品优越，也要分析中餐厅失败的原因，如菜品问题，服务问题，还是管理问题，同行调研分析也有助于中餐厅进行设计定位。

2. 中餐厅功能分区设计要点

（1）满足盈利需求

任何一个餐厅在设计之初，都要考虑到投资的回收，做好项目投资预算。根据预算决定消费标准和座位数，从而规划前厅、吧台、餐厅、厨房、库房和职工生活区等各区域的面积。一般高档中餐厅每个客人的平均活动占有面积远远高于中、低档中餐厅每个客人的平均活动占有面积。同时高档中餐厅中客人的等候区域、进餐区域，甚至洗手间的面积相对中、低档中餐厅来讲都要大得多。

（2）满足客人需求

根据顾客需求、行为活动规律和人体工程学原理，合理地设计空间。要考虑到不同人的需要，如果餐厅里有很小的供儿童游戏的空间，那就会成为父母的首选餐厅。快餐厅里的餐桌椅不适合选用柔软的沙发，因为椅子过于舒适会使顾客就餐时间延长，不利于提高翻台率。

（3）满足服务需求

餐饮空间不仅要为顾客提供好的菜品，同时还要提供最好的服务，因此，设计时就要考虑到服务需求，如餐厅的上菜服务通道不能过窄，否则不方便服务员上菜。上菜要经过的门可设计成双开门，方便服务员端着盘子顺畅地通过或推着餐车经过。厨房里灶台和旁边操作台之间的距离不宜过宽，否则厨师在炒菜时转身到操作台上放炒好的菜或是拿配好的菜的距离都会加大，这样一个厨师一天就要多走很多路，上菜可能就会慢一些。

（4）满足职工需求

除了满足顾客需求，同时还要满足餐饮店员工的需求，合理规划出后勤区，要设计单独的职工通道、物流通道，并且要与顾客通道完全分离。

3. 就餐区设计

就餐区是中餐厅空间设计的主体，采用何种空间组织形式也是需要重点考虑的内容，空间组织形式与人流动线、座位摆放形式以及厨房开放程度有关。

（1）就餐区座位布置形式

不同类型的中餐厅因其经营方式与经营理念的不会有不同座位形式，常见座位布置形式有散、雅座和包间三种形式。

（2）以开放式厨房为中心的就餐区设计

开放式厨房能让顾客直观地看到厨师们烹饪的场景，顾客可以一边用餐一边观看厨师的厨艺表演，让顾客吃得放心且开心，还能提高餐厅上菜与撤台的效率，有利于餐厅的盈利。

4. 厨房区设计

厨房是中餐厅运营中最重要的生产加工部门，它直接控制着餐饮品质和餐厅销售利润。因此，厨房设计必须从实用、安全、整洁角度出发，合理布局，并遵循相关设计与防火规范。一般而言，厨房由多个功能区域组成，并且不同类型的中餐厅功能分区因其经营内容、经营方式、规模档次的差异而有所不同。

（1）厨房的功能分区原则

①遵循效率第一和效益第一原则。

②合理的设备配置：了解客户的投资意向、餐厅的既定菜式和最多进餐人数，同时根据这些情况来确定厨房的主要设备数量和型号，合理配置设备。

③工作流程顺畅：依据厨房工作人员的工作流程进行动线设计。

④依据法律法规标准规划设计：符合卫生防疫、环保、消防等部门规定的各项要求，如食物、用具和食品制作等，存放时应做到生熟食品分隔、冷热

食品分隔和不洁物与清洁物分隔，燃油、燃气调压、开关站与操作区分开，并配备相应消防器材。

⑤功能匹配科学合理，体现人性化设计：了解项目现场具体情况，如厨房平面尺寸、空间高度，根据人体工程学原理，进行合理设计。

（2）储藏区

储藏区是将外部运送的各种食品原料进行选择、验收、分类、入库的活动区域。餐厅应有设施和储存条件良好的储藏区。食品原料因质地、性能不同，对储存条件的要求也不同。根据食品原料使用频率、数量不同，对其存放的地点、位置和时间要求也不同。同时，有毒货物包括杀虫剂、去污剂、肥皂以及清扫用具不能存放在储藏区。储藏区应保持室内阴凉、干燥、通风，做到防潮、防虫、防鼠。按食品原料对储存条件的要求，通常可将储藏区分为验收区、干货区、酒水区、冷藏区和冷冻区五个部分。

（3）加工区

加工区是厨房加工食物的区域。不同类型的餐饮店对食品加工的要求也不同，就中餐厅而言，厨房加工区主要是指对食品原料进行洗、切等加工处理。因此，可将加工区分为粗加工区和精加工区。

（4）烹饪区

烹饪区是对各类菜肴进行烹调、制作的区域，是厨房工作中最重要的环节。厨房中的烹饪区应紧邻就餐区，以保证菜肴及时出品。烹饪区功能分区可以根据厨师的工作流程设计，如取料、烹饪、装盘、传递、清理案面。同时，烹饪区要有足够的冷藏和加热设备，每个炉灶之上须有运水烟罩或油网烟罩抽风，并使其形成负压，这样大量的油烟、浊气和废气才会及时排到室外，保持室内空气清新。尤其设计明厨、明档的餐厅，更要重视室内通风、消噪与排烟设计。

（5）洗涤区

洗涤区的面积约占厨房总面积的 20% ～ 22%。洗涤区的位置应靠近就餐区与厨房区，以方便传递用过的餐具和厨房用具，提高工作质量和工作效率。洗涤区的给排水设计应合理，进水管应以一寸直径水管为宜，下水排放应采用明沟式排水。除洗涤设备外，洗涤区还应选择可靠的消毒设备及消毒方式。

5. 中餐厅设计常用的装饰材料

不是选用最贵的材料就能装出最好的效果，选用一些相对经济的材料可以降低装饰的总造价，减少餐饮店前期的投入而有利于盈利。不同经营方式的中餐厅所选用的材料也不太相同，但无论选择哪种材料，都要遵循环保、经济、实用的设计原则。

经营中餐的地面材料不宜选用地毯，因为一旦汤水洒到地毯上很难处理，而且容易有螨虫和灰尘，污染室内空气。当然，地面材料也不仅只有这些，鹅卵石、片石、青砖、红砖和水泥都可以成为中餐厅内的地面材料，并且还能创造不一样的装饰效果。

中餐厅的墙面材料以内墙乳胶漆为主，偏暖的米白色、象牙白等墙漆能让室内显得干净而整洁。如果中餐厅需要某一个较为风格化的墙面作为亮点，那么可以采用其他材质来处理，以烘托出不同格调的氛围，也有助于设计风格的表达。

中餐厅顶面材料的使用要看是否吊顶，如果不吊顶，那么在裸露的钢筋混凝土梁架、钢梁架和木梁架上刷有色漆或是保持结构的原样也是可以的。如果需要吊顶，则一般多以石膏板、纤维板、夹板为基础材料，再在基础面上刷涂料、裱糊壁纸，或局部使用一些玻璃、木材、不锈钢等材料。

6. 中餐厅照明设计

良好的照明设计可以营造出宜人的室内氛围，也能提高人们就餐兴致，增加食欲。可以说，不同颜色光照下的空间和物体，不但外观颜色会发生变化，产生的环境气氛和效果也会大不相同，还会直接影响我们对空间的体验。

（1）自然光照明

人们在自然光下工作、生活和休闲，心理和生理上都会感到舒适愉快。另外，自然光具有多变性，产生的光影变化更丰富，让室内空间更加生动。因此，设计师可以充分利用自然光营造中餐厅的室内光照效果。

（2）人工光源照明

人工光源相比自然光来说，要稳定可靠，不受地点、季节、时间和天气条件的限制，较自然光更易于控制，而且符合各种特殊环境的需要。对于餐饮环境而言，人工照明不仅仅只是为了照亮空间，更重要的是营造氛围，如柔和清静的茶馆、浪漫温馨的西餐厅或热闹充满活力的中餐厅。不同类型的餐厅都需要不同的照明设计来营造氛围，突出设计主题。

中餐厅常用的灯具种类有吊灯、吸顶灯、筒灯、格栅灯、壁灯、宫灯、台灯、地灯、发光顶棚和发光灯槽等。常用的照明方式有整体照明、局部照明和特种照明等。整体照明是使餐厅就餐空间各个角度的照度大致均匀的照明方式，一般的散座就餐常会采用这种形式。局部照明也称重点照明，是指只在工作需要的地方或是需要强调、引人注意的局部才布置的光源。特种照明是指用于指示、应急、警卫、引导人流或注明房间功能、分区的照明。

（四）中餐厅外观设计

与众不同的餐厅门面设计会给顾客留下深刻的印象，门面设计包括门头、外墙、大门、外窗和户外照明系统等部分。门面的设计首先要和原有的建筑风格保持一致，最好结合原建筑的结构进行设计。门面装饰要注意大门的选择，门的样式与门头风格要相融。如果餐厅外墙足够长，可以选择开比较大的玻璃窗，就餐厅而言，靠窗户边的位子往往是最受顾客喜欢的。当然，玻璃窗虽然有很好的采光和装饰作用，但安全性能不好，如果使用钢化玻璃则增加装修成本，保温性能也较差，冬冷夏热。

中餐厅的户外广告及标牌设计要注意色彩、形状和外观的不同效果，招牌作为餐厅的标志最能吸引人们的注意力。招牌的设计宜突出餐饮店的特点，无论哪种类型的餐饮店，招牌的字体都应该让人容易识别，比如对于一些风味餐馆来说，招牌要更加突出餐厅的特色。

中餐厅周边的景观环境也要仔细设计，尽管很多餐饮店的周边环境会受到场地的限制而无法进行更多的园林景观设计，但在店外设置一些绿化造景或是别致的陈设也会让路过的人们觉得这是一家高档、有品位的餐馆。

如果要在夜晚吸引顾客到店内就餐，那么就需要选择合适的光源作为户外照明，一般主要选择射灯、透光型灯箱、字形灯箱和霓虹灯等照明系统。霓虹灯处理不当的话容易使店面花哨，降低店面档次，因此，使用霓虹灯照明的餐饮店并不多见。

三、餐饮空间设计时应注意的问题

1. 餐饮空间的面积可根据餐厅的规模与级别来综合确定，一般按每座位1.0～1.5m^2来计算。餐厅面积指标的确定要合理，指标过小，会造成拥挤、堵塞；指标过大，会造成面积浪费、利用率不高和增大工作人员劳动强度等问题。

2. 营业性餐饮空间应有专门的顾客出入口、休息厅、备餐间和卫生间。

3. 就餐区应紧靠厨房设置，但备餐间的出入口应处理得较为隐蔽，同时还要避免厨房气味和油烟进入就餐区。

4. 顾客用餐活动路线与送餐服务路线应分开，避免重叠。在大型多功能厅或宴会厅应以备餐廊代替备餐间，以避免送餐路线过长。

5. 在大型餐饮空间中应以多种有效的手段来划分和限定不同的用餐区，以保证各个区域之间的相对独立和减少相互干扰。

6. 餐饮空间设计应注意装饰风格与家具、陈设以及色彩的协调。地面应选择耐污、耐磨、易于清洁的材料。

7. 餐饮空间设计应创造出宜人的空间尺度、舒适的通风和采光等物理环境。

四、餐饮空间环境气氛的营造

（一）色彩

餐饮空间的色彩多采用暖色调，以达到增进食欲的目的。不同风格的餐饮空间其色彩搭配也不尽相同。中式餐饮空间常用褐色、黄色、大红色和灰白色，营造出稳重、儒雅、温馨、大方的感觉；西式餐饮空间多采用粉红、粉紫、淡黄、褐色和白色，有些高档西餐厅还施以描金，营造出优雅、浪漫、柔情的感觉；自然风格的餐饮空间多选用天然材质，如竹、石、藤等，给人以自然、休闲的感觉。

（二）光环境

1. 直接照明光

直接照明光的主要功能是为整个餐饮空间提供足够的照度。这类光可以由吊灯、吸顶灯和筒灯来实现。

2. 反射光

反射光主要是为衬托空间气氛、营造温馨浪漫的情调而设置的，这类光主要由各类反射光槽来实现。

3. 投射光

投射光的主要功能是用来突出墙面重点装饰物和陈设品，这类光主要由各类射灯来实现。

4. 陈设

室内陈设的布置与选择也是餐饮空间设计的重要环节。室内陈设包括字画、雕塑和工艺品等，应根据设计需要精心挑选和布置，营造出空间的文化氛围，增加就餐的情趣。

第四节　商业空间设计

一、商业空间设计的基本知识

商业空间建筑在一定程度上能够折射一个城市经济发展程度和社会发展状态，反映城市物质、经济生活和精神文化风貌。传统的商业空间被赋予崭新功能，而今商业空间成为人们生活休闲、交流、沟通等活动的场所。商业空间外延广泛，在设计中要注意整体的和谐统一。在众多空间类型中，最多元的就是商业空间，商业的概念有广义和狭义之分。因此，为商业活动提供的环境空间设计也有广义和狭义之分，广义上可理解为一切与商业活动相联系的空间设计，狭义上可理解为商业活动所需的空间环境设计。狭义上的商业空间设计在当代商业空间使用功能方面的多样性逐渐加大，如综合体、酒店、餐饮、娱乐场所等。现有商业空间已经无法满足人们的需求，人们对环境有了更高层次的追求，这样的需求下，必定会出现更多具有创意的空间设计。

商业类建筑一般包括商店、商场和购物中心等。商业空间设计要特别注意建筑形体、商店招牌、店面设计、橱窗布置、照明装置和商店入口等。商业空间根据经营性质和规模，将区域按种类划分。

顾客通行和购物流线组织对营业厅整体布局、商品展示、视觉感受、流通安全等极为重要，顾客流线组织应着重考虑：

（1）商店出入口位置、数量、宽度以及过道与楼梯的数量和宽度，要满足安全疏散要求；

（2）根据客流量和柜面布置方式来确定最小通道宽度，大型营业厅应区分主次通道、通道与出入口以及楼梯、电梯和自动梯的连接，要有停留面积，便于顾客集中和周转；

（3）方便顾客顺畅地浏览商品柜，要避免单向折返与流线死角，保证安全进出；

（4）根据通行过程和临时停顿的活动特点，商场主要流线通道与人流交汇停留处是商品展示、信息传递的最佳展示位置，设计时要仔细筹划。

从顾客进入营业厅开始，设计者就要考虑从顾客流线进程、停留、转折等处进行视觉引导，要利用各种方式明确指示或暗示人流方向。根据消费心理的特征，引导顾客购物方向的常用方式有：

（1）直接通过商场布局图、商品信息标牌以及路线引导牌等指示营业厅商品经营种类的层次分布，标明柜组经营商品门类，指引通道路径等；

（2）通过柜架与展示设施等空间划分，进行视觉引导；

（3）通过营业厅地面、顶棚、墙面等各界面的材质、线型、色彩和图案的配置，引导顾客视线；

（4）采用系列照明灯具，借助光色的不同色温和光带标志等进行视觉引导。

商业空间既要满足商品的展示性，又要满足商品的销售性，空间的各个不同区域均要以此为出发点进行设计构思。

（一）店面

店面是商业空间重要的对外展示窗口，是吸引人流的第一要素。店面造型应具有识别与诱导特征，既能与商业周边环境相协调，又有视觉外观个性。

（二）入口

商业空间的入口设计应表现出该商店的经营性质、规模、立面个性和识别效果。另外，商店入口要设置卷帘或金属防盗门。

商业空间入口的设计手法通常表现为：一是突出入口空间处理，不能单一地强调一个立面效果，要形成一个门厅的感受；二是追求构图与造型的立意创新，可通过一些新颖的造型形成空间的视觉中心；三是对材质和色彩精心配置，入口处的材质和色彩往往是整个空间环境基调的铺垫；四是结合附属商品形成景观效果。

（三）营业厅

营业厅的空间设计应考虑合理、愉悦的铺面布置，方便购物的室内环境，恰当的视觉引导设置以及能激发购物欲望的商业气氛和良好的声、光、热、通风等物理条件。由于营业厅是商业空间中的核心和主体空间，故必须根据商店的经营性质，在建筑设计时确定营业厅面积、层高、柱网布置、主要出入口位置以及楼梯、电梯、自动梯等垂直交通位置。一般来说，营业厅空间设计应使顾客进出流畅，营业员服务便捷，防火分区明确，通道、出入口顺畅，并符合国家有关安全疏散规范要求。

（四）柜面

营业厅的柜面，即售货柜台、货架展示的布置，是由销售商品的特点和经营方式所决定的，柜面设置要遵循合理利用空间和顾客习惯原则，强调安全、耐用、设计简洁。柜面的展销方式通常有：

（1）闭架，主要以高档物品或不宜直接选取的商品为主，如首饰、药品等；

（2）开架，适宜挑选性强，除视觉观察外，对商品质地、手感也有要求的商品；

（3）半开架，指商品开架展示，但在展示区域设置入口限制；

（4）洽谈销售，某些高档商店，需要与营业员进行详细商谈、咨询，采用就座洽谈方式，能体现高雅、和谐的氛围，如销售家具、电脑、高级工艺品、首饰等。

二、商业空间设计宗旨

（一）知识目标

1. 掌握专卖店客户情况调查表、项目调查表的编制方法。
2. 掌握专卖店设计项目客户调研、市场调研的方法及内容。
3. 掌握专卖店设计资料的收集、分析和整理的方法。
4. 熟悉专卖店设计流程，掌握专卖店设计的原则、原理和方法。
5. 掌握专卖店店面设计与室内设计的方法。

（二）能力目标

1. 培养学生项目现场勘察和项目现场测绘的能力。
2. 培养学生方案分析与方案设计能力。
3. 培养学生设计创新能力。
4. 培养学生的施工图与效果图绘制能力。

5. 培养学生文案撰写能力及方案解说能力。

（三）素质目标

1. 培养学生良好职业道德和责任感。

2. 培养学生自学能力、沟通能力和团队协作能力。

3. 培养学生独立分析问题和解决问题的能力。

三、商业空间设计基础

（一）商业空间设计原则

1. 商业性原则

好的室内设计应该具有商业性，商业空间的设计不单单是一个室内设计，更是一个商品企业文化的展示、商业价值的实现以及企业发展方向的体现。设计与商业并不冲突，因为设计也是为了实现商业价值，而商业也需要设计来美化和诠释。因此，商业性是商业空间室内设计最基本的设计原则。

2. 功能性原则

商业空间以销售商品为主要功能，同时兼有品牌宣传和商品展示功能。商业空间设计一般是根据其店面平面形状及层高合理地进行功能分区设计和客流动态安排。因此，商业空间室内设计与店面设计应最大限度地满足功能需求。

3. 经济性原则

商业空间装修的造价会受所经营商品价值的影响，商品的价值越高，相应的装修档次也越高。顾客一般也会根据专卖店的装修档次来衡量商品的价格，比如，用低档的装修展销高档的商品，就会影响商品的销路，反之用高档的装修陈列低档的商品，顾客也会对商品产生怀疑而影响商品的销售。因此，商业空间的装修总造价要与商品的价值相适应。

4. 独特性原则

独特性是商业空间设计的一项重要原则。如何使某一商业空间在众多店铺中脱颖而出，从而吸引顾客的眼球是商业空间设计时首要考虑的条件。独特的设计可以让商业空间室内环境更具有商业气质，富有新奇感的设计可以提高商品的附加值，让商业空间盈利更高。

5. 环保性原则

节能与环保也是室内设计界一个重要研究课题。随着人们生活水平的提高，越来越多的人崇尚健康、自然的生活方式。商业空间设计时应尽可能使用一些低污染、可回收、可重复利用的材料，采用低噪声、低污染的装修方法和低能耗的施工工艺，确保装修后的店内环境符合国家检测标准。

（二）专卖店设计组成部分

1. 店面设计

店面设计十分重要，而专卖店商品的品牌与风格则影响着店面设计，如在服装专卖店设计中，一般经营正装的店面风格宜大气、简洁，而经营休闲装的店面风格则相对活跃、时尚，可以用明亮的色彩来创造生动的室内氛围。

2. 卖场设计

卖场设计包括收银区、陈列区、休息区、储藏区等几个部分的设计，卖场设计是专卖店室内设计的核心部分。卖场设计以展示商品为中心，空间布局要合理，交通路线要明确而流畅。

3. 商品陈列设计

商品陈列要突出商品形象，最好能在陈列中形成一个焦点，以引起顾客注意，同时要求商品陈列的方式要充分体现该商品的特点，并且新颖独特。商品陈列要让顾客看得见、摸得着，触发其购买动机。

4. 展示道具设计

展示道具不仅能满足展示商品的功能，同时也是构成展示空间形象、创造独特视觉形式的最直接元素。

5. 照明设计

良好的照明设计可以引导顾客的注意力，可以让商品更加鲜艳生动，还可以完善和强化商店的品牌形象。良好的照明设计不仅能引起顾客的购买欲望，同时还能渲染室内氛围，刺激消费。

（三）专卖店室内设计

1. 专卖店设计前期调研

（1）客户调研

与客户进行广泛而深入的沟通交流，了解客户的经营角度和经营理念。准备客户情况调查表和目标消费顾客情况调查表，请客户和顾客填写，并告知客户初步的设计意图。

（2）项目现场勘察

项目现场勘察首先要了解项目现场周边环境、人流量、交通和停车位状况。了解建筑及室内的空间尺度和空间之间的关系。了解现有建筑结构和建筑设备。如果是改建工程则需查看原来的逃生和消防设计是否合理，原电压负荷是否充足，是否需要增加电缆数量等，然后再进行项目现场测绘，如果项目有甲万提供的建筑图样，则需要查看现场是否与原建筑图样有不相符合之处，并且应利用水平仪、水平尺、卷尺、90 度角尺、量脚器、测距轮、激光测量仪、数码照相机或数码摄像机等工具测量并记录各室内平面尺寸、各房间的净高、梁底的高和宽、窗高和门高。特别要注意一些管道、设施和设备的安装位置，还要注意室内空间结构体系，柱网的轴线位置与净空间距，室内净高，楼板厚度和主、次梁高度。

项目现场勘察能让设计师实地感受建筑及室内空间尺度和空间之间关系，为下一步设计工作做好针对性准备。

（3）专卖店市场调研

①商品品牌调研。商品品牌调研主要是了解品牌社会知名度、文化内涵及经营产品种类、产品销售形式等。

品牌知名度会影响到该品牌产品的销售。品牌专卖店主要是帮助企业推广和营销产品，同时让商家获利。了解品牌营销方式更有利于专卖店设计。

②同行调研分析。主要调研当地和外地同品牌专卖店经营规模、经营状况，还有销售方式、销售产品类型、服务和室内环境等，同时对它们进行实力排名，分析服装专卖店成功的原因，例如销售方式、商品质量、价格优势等，也要分析服装专卖店失败的原因，如是销售问题、商品问题，还是价格问题等，同行的调研分析也有助于专卖店进行设计定位。

③顾客信息调研分析。顾客信息调研分析是指调研专卖店目标顾客的消费能力、消费方式以及喜欢的消费环境。消费方式是生活方式的重要内容，比如互联网的出现，改变了很多人的生活方式和消费方式，过去人们在实体店买衣服，而如今很多人选择在网店上购买衣服。

2. 专卖店卖场设计

专卖店卖场设计是设计的核心部分。

（1）平面布局设计

专卖店的空间复杂多样，其经营的商品品种因店面面积不同而各不相同，但无论是经营哪种商品，专卖店平面格局都应该考虑商品空间、店员空间和顾客空间。

（2）入口设计

根据品牌不同，专卖店入口设计也不相同，一般低价位品牌商品专卖店可以做成开度大的入口。中、高档品牌商品的专卖店由于每天的客流量相对较小，其顾客群做购物决定的时间相对较长，并且需要一个相对安静、优雅的购物环境，因此，入口开度相对要小一点，并且要设计出尊贵感。另外，还要根据门面大小来考虑入口设计。无论入口设计形式如何，入口都应该是宽敞、方便出入，同时要在门口留出合理活动空间。

（3）收银区设计

收银区通常设立在专卖店后部，这样更有利于空间利用。专卖店收银区设计要考虑到顾客在购物高峰时也能够迅速付款结算。所以，在收银台前要留有相应的活动空间。

3. 专卖店陈列设计要点

（1）营造空间的“视觉焦点”

“视觉焦点”是最容易吸引顾客视线的地方，并且还具有传达商品信息、促进商品销售的作用。专卖店的室内可以用一处独特新颖的商品陈列来创造“视觉焦点”，从而展现店铺的经营特色和风格。

（2）用色彩来主导陈列设计

有序的色彩主题带给整个卖场鲜明、有序的视觉效果和强烈的视觉冲击力。

（3）便于顾客挑选和购买商品

无论对商品采用何种陈列方式，都应方便顾客挑选和购买，要让顾客直观地了解商品品种、特点和价格，不用问销售人员也能对商品一目了然，可以节约顾客时间，也可减轻销售人员工作负担。

（4）人性化设计原则

充满人性的陈列设计会给顾客带来亲和感，符合消费者购物心理，提高店铺知名度。

（四）专卖店店面设计

店面是反映一个企业的窗口，在一定程度上能传达企业文化内涵、社会意识、城市风貌和地域文化。专卖店店面设计不仅需要一个好的创意，还要结合店铺的地理位置、建筑面积大小、建筑立面形式、经营特点和顾客购物心理需求等具体情况来决定。店面设计不仅要美观、新颖和独特，还应有潜在商业价值。

1. 招牌设计

招牌设计应新颖、醒目、简明，不但要做到造型美观，所用材料要耐久、抗风和抗腐，而且制作加工还应当精细。不同材料能反映出不同的气质，如石材显得厚重、庄严，金属则显得明亮、时尚，选用何种材料也会受到专卖店设计风格的限制。固定形式有悬挂、出挑、附属固定和单独设置四种形式。招牌除了美观，安全也非常重要。

2. 店门设计

店门的材料在以往都采用硬质木材，也有在外部包铁皮或铝皮，制作较简便。我国已开始使用铝合金材料制作商店门。无边框的整体玻璃门属豪华型门廊，由于这种门透光性好，造型华丽，所以常用于高档首饰店、电器店、时装店和化妆品店等。明快、通畅、具有呼应效果的门廊才是最佳设计。

3. 橱窗设计

顾客在进入专卖店之前，都会有意无意地浏览橱窗，所以，橱窗设计与宣传对消费者购买情绪有重要影响。好的橱窗布置既可起到介绍商品、指导消费、促进销售的作用，同时还可以宣传企业文化与精神。当然，橱窗的展示不能只是让人看过后仅记住这个商品，它还代表着一种让人们享受的生活方式。

四、商业空间设计的典型案例分析

（一）案例一

该案例为一地处市中心的中高端商场，商场既是商业空间，又是展示空间，通常利用流线、柜面、展具的设计提高商品档次，刺激消费欲望，这是其与纯展示空间之间的本质区别。不过，在引导流线、拉长展示面方面，商场与展示空间有着异曲同工之处。

就目前商场营销模式而言，通常空间的主要流线和场地划分是由商场管理方承担规划，内容涉及流线走向、走道宽度、区域面积、场地形式等，基本原则是尽可能让所有的店面都与主流线有直接而明确的连接关系。一般而言，在此基础上进行招商，为实现空间整体氛围协调统一，商场管理方还会对每个入驻的商户提出店面装饰具体规范要求，最终将每间店面场地布局、壁面装饰、柜面摆放等落实到位的则是每一具体场地的商户自身，一方面很多连锁型的品牌在装饰方式上都形成了自己相对统一的形式和风格，另一方面，不同的商品需要不同的展示形式，它们对展台、展架包括灯光的要求都是不一样的，设计的关键还是如何更好地衬托出商品本身的特征。

在本案例中，所有公共空间，包括走道、中庭、扶梯等的装饰都采用了一种“中性”设计方式，米黄色、白色、蛋青色基本上都属于百搭色，而玻璃、不锈钢、釉面砖等材质和其他材料之间的搭配度也很高，因此，具备了使公共空间与其他特色店面兼容并蓄的条件。另外，该案例还反映出箱包、鞋、首饰、女装、化妆品、男装等不同商品展示的不同形式和要求，箱包和鞋都是小件商品，需要台面摆放，结合灯光形成小范围的展示重点；首饰对灯光的要求颇高，灯光在首饰上形成的闪亮光泽正是首饰的魅力来源；化妆品柜台不仅需要设置试妆区，大面积广告灯箱也是必不可少的；服装是商场的主要经营项目之一，吊架展示是当前服装的一种主要展示形式，模特展示则是一种补充和吸引顾客的有效方式，可以最直观地反映店面自身品牌特色。

（二）案例二

该案例为学生课程设计作业，课题背景为一单层面积约二千平方米的一层商业空间，主要经营内容为化妆品、箱包、手表、首饰等。作为商场的一层空间，不仅要解决本层的人流流通和疏散问题，同时还应兼顾其他楼层的人流疏散等，因此，通道要适当偏宽。该案例以“风”为主题，通过“海洋风”的线索戏剧性地对各空间进行一系列串联，如将空间门厅处“海之巢”的雕塑作为一个空间序列的前奏，表现出一种平和、孕育的环境氛围；空中飘带式的造型结合高档首饰展示，反映了一种风和日丽、微风徐徐的海边温和气息，而通过 LED 灯光设置形成的光色变化十分丰富的箱包展示区则体现出一种梦幻而又神秘的海底趣景。另外，过道上的化妆品展示如同一个个小气泡在浮游，由鹦鹉螺的造型联想而成的半围合空间是女性化妆品专卖区，洋溢着一种温柔的氛围，而男士化妆品专卖区采用抽象的

“罡风”形式，显示出一种彪悍的力量感。最后以一些原生状态的岩石营造了一个海岛山洞式的首饰专卖区，嶙峋的石缝中散落着各种首饰，仿佛进入了一处海盗的藏宝之地，粗糙的材质与光洁鲜亮的首饰形成对比，起到良好烘托作用。

对于一个场地面积偏小，但思维拓展余地较大的空间设计而言，这种具有一定故事情节的空间处理方式，妙趣横生，在统一中富于变化，在感性中折射理性，是一种非常有效的概念化设计形式。

第五节　酒店、旅馆空间设计

一、酒店、旅馆空间设计的发展

现代旅馆设计发展趋势。

1. 与城市发展相结合

现代旅馆设计过程中要将建筑设计和城市发展有效地结合起来，与城市未来发展相联系。建筑不是独立存在的，而是与城市和谐发展相对应，因此，在旅馆设计过程中一定要对建筑整体进行综合性考虑，与功能综合体相联系，集吃、住、购物、休闲、娱乐、社交等于一身，同时可以作为接待、办会、展览、商务活动等场所，与城市发展达到共存，促使建筑与城市协调融合。

2. 体现智能设计

随着现代科学技术水平的不断发展，旅馆建筑设计一定要突出智能化特征。在经济与技术快速进步的时代，建筑设计已逐步向智能化演变，已经有越来越多的智能技术融入其中，在很大程度上促进了建筑设计向智能化方向的演进，带来较大的经济效益，也使建筑功能更加丰富化。还做到与数字化技术融合，使设计质量及水准得到全方位提升。具代表性的数字化技术是 SOHO 技术，此技术很好地融入高科技网络技术，能够提供舒适的旅馆环境。在高科技技术协助下完成分工细化，满足不同顾客群。

3. 体现人文精神

建筑最终目的是为人所用，要坚持人文精神原则。将人文精神融入旅馆建筑设计中，促使建筑设计呈现出不同理念。设计中需要将环保观念很好地融入其中，环保观念也体现人文精神与关怀。在旅馆建筑设计中，要考虑并做好建筑生态设计，如太阳光、雨水、环保材料等使用与合理安排设计，最大限度上避免对自然环境的影响，打造出具优美环境、周到服务、完善设施和鲜明特色的旅馆。

二、酒店、旅馆空间设计的基本划分

一般旅馆由以下几部分组成。

（1）公共部分：大堂、会议室、多功能厅、商场、餐厅、舞厅、美容院、健身房等。

（2）客房部分：各种标准客房，属下榻宾馆的旅客私用空间。

（3）管理部分：经理室，财务、人事、后勤管理人员的办公室和相关用房。

（4）附属部分：提供后勤保障的各种用房和设施，如车库、洗衣房、配电房、工作人员宿舍和食堂等。

三、酒店、旅馆空间设计要求

1. 大堂

不同的酒店、旅馆设计体现其功能配置和接待服务，为旅客带来休闲、交往、办公甚至购物的多重体验。大堂区区域功能配置通常情况下可分为以下基本区域，即入口门厅区，第一时间接待、引导旅客；总服务台区，为酒店大堂核心区域，包括总服务台（前台）、礼宾台、贵重物品保险箱室、行李房、前台办公大堂经理台（客户关系经理台）。总服务台（前台）是旅客最重要的活动区域，向旅客提供咨询、入住登记、离店结算、兑换外币、传达信息、贵重物品保存等服务。礼宾台属前台辅助设施。贵重物品保险箱室与行李房为旅客提供物品存放的服务。大堂经理台和客户关系经理台两者略有差别，大堂经理台主要统筹管理大堂中日常事务与服务人员，保证酒店高效运营，客户关系经理台主要用于处理宾客关系，休闲区通常为旅客提供休闲享受、商务洽谈的半私密空间。精品店作为酒店大堂的特色空间之一，往往经营的是一些纪念性商品。辅助设施区为商务旅客提供办公、通讯等各项服务。

2. 休息处

此场所是供旅客进店、结账、接待、休息之用，常选择方便登记、不受干扰、有良好环境之处，可供客人临时休息和临时会客使用。为与大厅的交通部分分开，可用隔断、栏杆、绿化等设施进行装饰。休息处的沙发组按宾馆规模而定数量。大部分休息处位于大堂的一角或者靠墙。

3. 商务中心

作为大堂中一个独立业务区域，商务中心常用玻璃隔断与公共活动部分相隔离。酒店商务中心是为满足顾客需要，为客人提供打字、复印、翻译、查收邮件及收发文件核对、抄写、会议记录及代办邮件、打印名片等服务的综合性服务部门，可按办公空间设计。配备齐全的设施设备和高素质服务人员为客人提供高效率办公服务，是酒店提高对客服务质量的基本保证。

4. 商店

酒店、旅馆的商店出售日用品、鲜花、食品、书刊和各种纪念品等。由于规模、功能与性质不同，位置也不同。小型的商店可以占用大堂一角，用柜台围合出一个区域，内部再设商品柜架。中型商店可以在大堂之内，也可通过走廊、过厅与大堂相连。大型商店实际上就是商场，它不属于大堂，其内往往有多家小店。

5. 客房设计

（1）客房种类

①单人间。

②双床间。

③双人间。

④套间客房。

⑤总统套房。

（2）客房的分区、功能和应用设计

客房分睡眠区、休闲区、工作区等。睡眠区常位于光线较差区域，休闲区常靠近侧窗，有些宾馆可设 3 床或 4 床的单间客房，为使用方便，其卫生间内最好设两个洗脸盆，浴厕分开。

客房的装修应简洁，避免过分杂乱。地面可用地毯、木地板或瓷砖，色彩要素雅。墙面可用乳胶漆或壁纸饰面。

6. 设计任务书

（1）设计任务要求掌握完成设计任务的方法与程序，了解在设计、施工时容易出现的问题及解决问题的方法与策略，在设计的同时要综合运用各门学科的知识。了解当今市场装饰材料，思考并总结怎样运用好材料来丰富设计，做出经济、实用的设计方案。

（2）设计理念

以人为本，融入现代和经济实用的设计理念，让人们感到温馨、舒适。合理进行空间设计与划分，使室内设计的风格、功能、材质、肌理、颜色等突出特色，在住房条件和服务上，满足旅客需求，营造舒适、轻松而又富有特色的空间。

（3）设计内容要求

①一层包括大堂、等候休息区、服务台、员工办公室、商务中心、餐厅等功能区。

②标准层主要设计成客房，要求设计类型有双床间（标准间）、双人间（家庭套房）、商务套房三种类型。

7. 图样表达

（1）方案阶段。拿到设计课题以后，首先要了解业主的设计定位和宾馆等级。业主投入资金的多少直接影响设计的水准。另外还应了解当地风土人情，只有分析并了解设计对象，才能明确设计方向，充分做好准备，合理、高效地进行系统设计。

出图要求：

①宾馆一层平面图、标准层的平面图（方案），可以是草图。

②入口外立面效果表现图。

③主要空间的透视效果图（大堂服务台、标准间客房）。

④设计方案说明。

做完平面和主要立面设计以后，要勾勒出空间透视草图，将空间的各个面及家具都要表现出来，在勾勒过程当中及时发现问题、及时修改，不断调整方案，直到满意为止。

（2）施工图阶段。以上步骤完成之后，进行大样和施工图设计，最终完成全套图样。全套图样包括平面图、顶面图、立面图、效果图、节点大样图，此外还要给甲方提供材料清单、色彩分析表、家具与灯具图表清单等。

出图要求：

①代层平面图、标准层的平面图细化设计。

②一层平顶图、标准层的平顶图设计。

③主要空间室内各界面设计及施工图绘制。

④主要空间透视效果图完善、修改（大堂服务台、标准间客房）。

第三章
室内空间的情绪、想象与文化传统

第一节　空间尺度与空间性格

一、人对空间的需求

空间不仅是人们赖以生存的条件，还是人们行为习惯、性格喜好的体现。同样，空间本身也各有特色，其结构丰富、界面多边，材料和肌理多种多样，色彩和灯光也各不相同，因此，形成的空间气氛也不一样。无论是儿童还是成年人都需要一定活动空间。人们对于活动空间的基本要求是开敞、平整、明亮。室内多采用具有一定弹性和柔软度的材料，地面常使用地板或地胶，同时举架较高，便于各种运动需求。

人有生存的需求，居住是最普遍的空间需求。居住空间的形式比较丰富，但是功能却大同小异，最基本的功能空间有卧室、餐厅、厨房、卫生间等，用于满足家庭成员最基本的生活需求。

餐饮空间是人们常常接触的一种空间形态，它的基本功能是就餐和交流，在餐厅就餐一般是 2 人以上的群体行为。根据一般就餐习惯，餐厅常设卡座形式，一般可以提供 2～6 人就餐，大厅圆桌形式可以提供 8～12 人就餐，包房形式适合 12～20 人就餐，还有宴会厅适合公司集体活动和婚礼等群体活动的举办。根据餐厅经营菜系不同，餐厅中景观和交通空间占据的比例也不同。

除此之外，人们还有各种精神生活的需求。因此，各种娱乐休闲空间便应运而生，其中常见的空间形式有电影院、小剧场、游戏厅、洗浴空间、歌舞厅等。人们业余生活的品质是随着经济条件的发展而不断提升的。因此，休闲娱乐场所的类型和级别正在不断更新与发展，所需要的空间质量也会随着社会经济的进一步活跃而逐渐提升。

人们在生活工作之余除了参与一些休闲娱乐活动之外，还需要在精神上不断提升自我修养，因此，出现文化休闲类的空间，例如美术馆、音乐厅、艺术工作室、图书馆等。

二、利用尺度营造空间

选择一个最合理的，符合人们生理与心理两方面需要的尺度是室内空间设计的重点。

（一）以人体的静态尺度为基础

由于人体的尺寸有种族、性别及年龄的差异，应设计适宜大多数人的尺寸。人的物理尺度是确定家具、建筑及其他人造用品的重要依据。家具的各部分尺寸必须符合人体基本尺寸，并且需要与人体接触部分尽量吻合。以人体尺度为标准进行的建造活动使建筑物最大限度地满足于人的使用。同时，与家具不同，建筑营造出的空间更大程度上容纳和承载的是行为，进而回应多样行为并促成良好的生活或工作模式。

（二）合理分配动态活动尺度

人在使用室内空间时需要在空间内走动或进行各项活动，这就牵涉到人的各种动态所需空间尺寸的分配。

我们在设计过程中，应在充分了解这些动态活动特性基础上，合理分配空间尺度，为这些活动的正常进行创造良好条件。

三、影响空间性格的主要因素

（一）建筑结构

建筑的基本结构中大跨度结构空间由于适应性广泛，形成的空间形象丰富，能够给人带来现代气息和浓郁艺术氛围。不规则的空间立面不仅能够满足人们视觉上的新鲜感，还能让人在精神上产生趣味空间、特色空间的心理感受，从而增加人们对空间的印象。

（二）空间组合方式

多空间组合是一门艺术，良好的空间组合关系不仅可以增强空间流动性，还可以使空间变得妙趣横生。空间组合一般是通过空间的对比与变化来实现的，平铺直叙的空间过渡索然无味，而两个空间在体量、面积、形象、光线等因素上的对比关系可以增强空间的变化感。人们从一个空间过渡到另一个空间，心理自然会受到这些对比变化的影响，而对于新的空间会产生新奇的感受。因此，空间中的对比变化会影响人的心理和情绪。

（三）空间界面造型

空间造型，一般根据室内功能和建筑结构进行设计，同时结合材质的质感和色彩共同形成空间界面造型的视觉形象。材质的新颖、体量的夸张、色彩的对比、光线的变化、形象的奇异都是空间造型的手段。在公共空间设计中，这些手段常常被使用，并且相辅相成，共同发挥作用，为我们带来无限美感与精神享受。我们在空间设计中，为了避免单调而求变化，引起人们视觉兴趣，博得人们的观赏欲望，就要采用对比手法，对比是多方面的，在具体设计中体现在形象大小对比、长短以及间距宽窄对比等。另外，还要有形象排列方向对比和色彩明度与彩度之间对比等。

（四）空间序列设计

空间序列设计可以影响人的心理。在整体空间中，各个空间的疏密设计、动静分区设计、重点设计等序列设计等都会引起人们情绪上的波动。人们由一个纷杂的空间突然转入一个宁静的空间，从一个陈列密集的空间突然进入一个空旷的空间，从一个平淡的生活空间突然进入一个陈设夸张的空间，这种视觉上的刺激都会使人们在心理上感受到震撼。展馆设计正是利用了这些能够引起人们心理和情绪变化的空间布局手段来牵引着人们的情绪变化。

（五）室内照明

1. 照明对调节生物钟的影响

研究表明，光对生物钟影响主要是通过光的亮度。夜间的室外照明，商场、酒店的霓虹灯、广告灯牌，严重影响人们正常休息和工作，打乱人体生物钟。

2. 照明对褪黑激素分泌的影响

研究表明，使用偏红色光谱的灯光照明有利于人们保持较高的睡眠质量。卧室、客厅、酒店客房等的照明应使用偏红色的低温色照明，这样有利于提高人们的睡眠质量，特别是老人的居住空间更需要低温色的照明来提高睡眠质量。

3. 照明对心理舒适感的影响

大多数人对灯光的冷暖随季节变化，会产生相应的要求。冬季人们偏向暖色调的灯光，夏季人们更倾向于冷色调，通过使用不同的灯光来改变人们对温度的感受。随着人们对室内环境品味的不断提高，在满足基本照度以及创造良好的灯光艺术前提下，还应充分考虑不同照明环境对人的生理和心理产生的不同影响。

（六）室内色彩与肌理

空间中的界面一般通过色彩和质感来展现，而空间界面中的色彩和直观的对比关系共同作用是空间造型设计的重要参考因素。

质感来源于肌理变化。肌理是一种物体表面的纹理，物体表面的粗糙与光滑、凹凸与柔软等效果，是通过眼睛的观察及触觉的配合，最终将信息传送给大脑，大脑做出复杂的思维想象。

肌理可分为两种：一种可称为自然肌理，另一种可称为人造肌理，前一种主要是指材料本身原有的肌理，因其材质不同，所以物体表面的肌理效果也各不相同。人造肌理是人为创造出来的形态，表面崭新的组织构造和不同于原材质的感官效果。充分考虑材料的质感与肌理效果，采用调和与对比的原理，增加立体感，能够起到丰富造型装饰的作用。

同时光线也是产生肌理效果的必要条件，如果选择光线的角度不好或者光线过弱，那么将无肌理可言。在采用正面光、侧面光、顶面光及底面光时，效果也各不相同。另外，自然光与人造光效果也会不一样。如何选用光线，主要是根据需要，采用侧面光可产生较强的肌理效果和很好的装饰作用。

第二节　空间形态与情绪引导

一、开敞

开敞空间一般面积较大，无论从行为上还是视线上都不受阻碍。在这样的空间中，人与人之间的交流没有障碍，随时都有可能与他人进行沟通。因此，这样的空间性格是外向的。由于空间尺度较大，人们的心情相对舒畅、积极，自身也会不自觉地约束自己的行为。

有些功能空间比较适合在开敞空间中使用，例如商业空间、办公空间、学校、礼堂等。由于人们活动本身需要进行积极广泛的交流，因此，一个开敞的空间有利于人们实现自身需求。由于空间的公众性，空间中的家具、陈设都应考虑其坚固性和统一性。在照明上比较适合明亮的照度，并且照明手法要多样，要配合整体空间气氛来进行设计。

二、封闭

封闭空间一般面积较小，而且有一定私密性，因此，空间具有一定的内向性格。在封闭空间中，人们的行为比较随意，也比较慵懒，可以自由自在地按照自己的习惯做事。这种空间常常出现在生活类型的空间和对私密要求较高的空间中。

这样的空间在界面处理上尽量合理地采用隔音材料，并且根据空间的具体用途适当增减空间界面的造型设计。对于个别特殊的封闭空间还要避免自然采光，以便增加空间私密性。封闭性空间常给人以放松的感受，其室内家具布置也可以多参考使用者的个人喜好和习惯。陈设的数量和种类可以适当增加，强化空间私有性和亲切感。

三、曲折

曲折空间是由空间分割产生的，是一个大空间因序列组织和分割而形成的一种动态空间。人们在空间中可以随着不间断的运动来实现不同的功能。这类空间一般是一个大型空间，其中虽然没有明确的分割，但却存在若干不同的功能，是一个综合性质的整体空间。这就需要人们在一个大型空间中从界面、陈设、照明等角度去划分各个区域，因而形成行为上的曲折空间。

四、变换

空间始终是没有固定模式的，平面上的分割和立面上的变换都可以使空间的形态发生变化，而空间设计的魅力就在于各个室内空间界面并不能独立地分离，有时在进行空间设计的时候我们会将它当成是一个整体，墙面和地面可以融为一体，墙面和天花也可以融为一体，甚至墙面和家具也可以融为一体。例如扎哈·哈迪德设计的马德里酒店就是一个经典例子，纯白色的空间本身就淡化了各个空间界面之间的界限，加之自由浪漫的造型，不仅使界面造型耳目一新，更是巧妙地设计了座椅的功能，这不仅与酒店房间内部设计如出一辙，还使整个楼层浑然天成。

第三节　艺术品与室内空间形象

一、艺术品陈列原则

艺术品不仅能体现人们的文化修养，而且是人们艺术品位的象征。在室内空间中，艺术品的陈设无疑会为空间增加一道靓丽的风景。艺术品的陈列基本上需要遵循四个原则。

一是种类统一原则。在同一空间中的艺术品，种类尽量统一。纷杂的艺术品堆砌在一起非但起不到装饰作用，还会破坏室内装饰气氛和艺术品位。

二是数量适中原则。艺术品贵在少而精，败在多而杂。具体的陈设数量要根据空间的大小来具体设计。另外多件艺术品统一陈列时应该注重秩序和对比关系。

三是品质优越原则。艺术品的陈列应该讲究质量，无论是古董还是现代艺术品，都应该遵循真实的原则。在室内摆放假古董不仅不能提升空间的形象，反而会降低空间档次。

四是空间适合原则。不同功能的空间，适合陈列的艺术品也有明显的区别。公共场所、私人场所陈设的艺术品的尺寸、价值、类型、风格等都是截然不同的，因此，艺术品的陈列应该根据空间的功能、面积、采光条件等综合因素来具体分析。

二、艺术品在室内的陈设

选择艺术品要考虑室内使用功能和风格，需与其保持一致。不同地点所选艺术品不同，如饭店、宾馆、家居的艺术品。选择室内艺术品还应体现并结合主人的爱好、品位和生活情趣，达到既能使整体风格协调，又符合主人的审美，还要准确把握材质和色彩的搭配，要与室内空间相协调，以空间尺度和家具为准，大小要恰到好处，达到视觉均衡的效果。室内空间艺术品的布置要保证室内交通流线通畅，美化室内视觉环境。只有将光线、材质、造型和色彩等要素进行合理搭配，才能呈现最佳效果。

第四节　现代室内装饰设计中的文化传统

一、室内装饰美学

不同类型公共建筑的内部空间布局特点与装饰风格将取决于它们各自的功能特性。因此，各类建筑物内部空间的不同功能特征是室内装饰设计师在进行设计构思时首先考虑的因素。

结构是室内装饰艺术最重要的本质属性，并决定着室内空间艺术审美布局的完整、协调。结构性是所有艺术作品和艺术审美对象的本质属性。它揭示艺术创作的逻辑规律，确保艺术作品整体架构的稳固。

室内装饰应是一个艺术整体，是它的各种构成元素的统一体。就室内装饰艺术的总体架构来讲，无论是具有使用功能的陈设元素，还是纯装饰性的陈设元素，同样能起到重要作用。

（一）艺术形象的哲学和美学内涵

塑造艺术形象是各种艺术创作活动的目的。艺术形象是对笼统、泛义的哲学概念的瞬间定格和具象化。艺术形象被看作相对于科学、逻辑学中的抽象概念，它是特殊的思维形式——艺术化思维的产物。值得关注的是，新的艺术形象概念出现之日正是建立在科技、艺术构成要素基础上的特殊创作形态——工业艺术设计的形成之时。艺术的本质和目的的哲学范畴已经开启了一个复杂的重新认知过程。

在现代美学和工业艺术品设计理论中，“艺术形象”已成为一个主要的基本概念之一，这一概念被广泛引入到各种类型的艺术创作之中。在许多情况下，用非传统方式和材料进行创作能赋予作品某种特定的艺术表现力和形象性。艺术形象的哲学内涵是指遵循一定的美学标准，艺术地反映客观现实的形式。鉴于当代审美标准的多样性，今天对“艺术形象”这一概念的理解应当更为宽泛。

艺术形象正是以其各部分构建要素之间完美和完全理性化的组合而给人一种整体上的美感。艺术形象的本质属性不应被简单地归结为它的某种整体性特征，而应当是艺术形象从整体上体现出来的一种有机和谐与生动性。通过塑造艺术形象来揭示共性与个性的关系则是一种完全不同的方式——这是一个能给人以深刻而生动印象的有机整合过程。

艺术家、建筑师和工业品设计师对自己初步构思的艺术或设计形象要有一个思考和认知过程，这样才能使已被创作者本人理解的形象符号不同程度地被其他人所接受。因此，艺术创作可以被看作是含义非常明确的精神思维活动，它的精华即是艺术形象、内容与形式统一的和谐、理性的整体。

艺术形象不应是一件被盲目打造出来的东西，它应当是一件精品，其构成要素全部是由制作者本人刻意从多姿多彩的现实世界中挑选出来的。

（二）室内装饰设计中艺术形象造型的特点

设计中美术形象建立和存在的特点是感受这些形象发生在这种或那种美学构造介质的运用过程中，以及该设计产品使用者的积极参与过程中。人不是消极地接受艺术形象，而是以一种积极的与介质及它的结构相互作用的状态去接受。

室内装饰结构中的组成成分和元素可以同时充当功能性物体和艺术形象的组成部分。这一点同样适用于建筑构造和构成，适用于室内装饰的物品填充。设计中美术形象的另一个特点是，它表现的不是具体的，而是隐喻的、构想的概括。本质上，整个创造设计过程是以联想思维规则为基础的。在这种情况下，借助联想一个元素在一定条件下的出现而引出另一个与其相关联的元素。

为了达到所预期的联想效果，给观赏者带来不同的艺术形象，要使用专门的手段，这一点对其他艺术类型也很有意义。最常用的手段是对艺术作品所有部分和元素进行结构性配置。在设计中，结构是指艺术设计品的构造，其各部分的相互联系，要符合该作品用途和技术理念，以反映该设计产品使用者心理期待的布局为根据。在环境建筑和设计中，结构性工作的结果是艺术的总体配合，所有各部分都应互相协调，达到内外空间构造的和谐，发挥该构造的艺术表现力，这些都有赖于结构。从属比例性是对空间体积关系和建筑构成的处理。尺寸合理性是对必要比例关系的确定。协调性是具有修补性质的加工，需要考虑光线色彩环境和客体整体上被接受的条件。

对于室内装饰设计，一般由组成建筑空间成分的元素充当，在个别情况下主体部分也可由一定的物体填充这个客体来充当。某些建筑元素或物体填充在室内装饰中可以用作强化部分。室内装饰构造的色彩组成在划分主体部分和强调部分方面具有不可忽视的意义。

为了赋予环境美学外形构思和内涵方面的价值，需要使用统筹方式。在布局方法上必须解决的主要问题是意境中的强调因素和背景的关联性。设计者的任务是选择体现不同艺术情节的某个局部结构中所有元素之间的相互关系，使各部分协调，从而突出主题。

在此类情况下，结构构造的目的不单是追求外部和谐，还需要传达某种构思和意图。这种方法在设计中的适用已被一些学者在各自的著作中论述。艺术构思结构带有“寓意”的特点，它和已经存在的联想系统相关联，并催生出新的联想。本质上，设计师的整个创造过程是建立在联想思维规则基础上。在这种情况下，联想被理解为心理元素之间的联系，借助于联想，在一定条件下一种元素的产生就会引起其他有关元素的产生。构成联想方式的联系的可能性取决于不同的室内装饰结构手段，可以在元素方面进行变化来满足室内装饰的饱满程度，这些元素都是按照一定的艺术构思加工而成。

室内装饰构造组成成分中某些元素的现实风格在构建整体艺术风格的程度上可能有所不同。在写生画、图形、装饰艺术和雕塑中，形象能够通过多样的表现方式表达。为了实现从现实主义到视觉抽象的过程，需要在具体的形象中找到最独特的印象特点，摒弃所有次要的局部成分，只留下可以表现所反映现象或客体最主要本质的东西。对于环境艺术美学造型，总体上，在很大程度上有象征主义和条件假定的特点，处在和符号美学原则一致的地位上。

“民族”题材是人工环境艺术造型中的基本情节之一，对“民族”题材的加工以民族文化传统的使用为基础。

实现环境艺术表现力的创造可能性在很大程度上取决于它所服务的空间。饭店类型的公共餐饮服务场所是一个用来进行长时间休憩、非正式会晤、交流并同时品尝各种新奇美味佳肴的地点。为了这些功能的实现，应该配合相应的室内装饰，即能够产生节日气氛或者放松精神的特殊空间的装饰。在现代世界设计实践中，饭店的装修与其他用途的课题的装修相比，酒店装修在艺术处理方面具有非常丰富的多样性。

（三）人工环境艺术形象构建中的文化传统

设计师以民族风格进行室内装饰设计时，必须运用的基本概念是文化和传统。通常认为，文化是人们活动的方法和手段，并在其帮助下可以对自然和社会生存条件进行改造。这种对文化的诠释包含了物质和精神两个方面。文化行为是规范、习惯、技术和传统在对环境、社会关系的适应过程中的累积。

传统民族文化中的空间结构习惯首先包括住宅和邻近土地上的家用建筑群的构造、构成以及其他类似范畴。在民族学、考古学和文化人类学中，住宅被认为是一个重要的传统物质文化组成部分，室内装饰细节在民族住宅特色的形成中非常重要。建筑学作为物质文化和美学创造的特殊领域，起源于阶级社会的形成，并在许多方面继续着远古时代的建筑经验和习惯。不同民族和国家的建筑传统在很大程度上具有自身民族文化色彩。在长期的历史文化发展过程中形成了民族建筑特征的“骨架”，它在不同阶段都保持着自身的意义。

每个民族都有自己固有的色彩美学和功能性标准，以及带有渊源性的表现文化历史和自然地理条件的符号和寓意。传统社会文化的研究表明，颜色在人们的生活和他们的美学活动中都扮演着重要的角色。对颜色的态度很大程度上决定着文化发展的一般水平。可以肯定，越是古老的文化，越在其信息传递中用颜色特征附加更多意义。

在许多民族文化中都存在着以其民族心理学认知、色彩层阶特点、环境以及一些其他因素为基础的颜色象征符号。颜色符号进入日常和例行仪式文化绝非偶然。比如，白色在大多数国家等同于纯洁，红色等同于欢乐，黑色等同于严厉、谦逊，紫色等同于奢华。美学的颜色标准体现在民族应用装饰艺术和建筑传统中。比如，在泰国的许多应用装饰艺术领域中，红色、绿色、褐色、金黄色是主要颜色，这种色阶也是泰国农村建筑局部带色装饰图案的特点。

民族艺术传统在代表室内装饰的物品上也有相应的反映，比如家具、器皿、照明用具、实用装饰品和造型艺术品。在早期国家，古代、中世纪和近现代社会中的物品都具有民族文化特点。

陶器设计中代表其美学理想地对自然简约风格的特有趋向是对上述观点的最好体现和诠释。形状、材料结构和图案造型装饰在色釉帮助下的完美和谐组合使陶制品“拉古”“阿立班”“毕得仁”和其他风格成为民族文化的真正象征。

环境结构及其色彩表现，其形象和物体符号的物化标准总和是物体文化代码的重要组成，这些代码是各民族所特有的，比如住宅、衣服、人的日常物品以及没有实用价值的专门物件，在物品代码的帮助下可以对民族文化进行识别。

室内装饰的美学构建手段，除了布局，还有相互联系的方法，通过相互联系可以构成一定的艺术形象。室内装饰设计领域里的艺术形象课题是多种多样的，当前最为人们所需要的是民族文化传统题材。民族传统为美学布局构成的思想基础服务。同样的，一定的环境构造模式扮演着民族特色的角色，能够帮助民族文化定位和保持文化传统。通过室内装饰的美学处理，使现代人感受到世界文化的多样性。

室内装饰中的民族传统可以通过空间建筑构成、功能装饰性和装饰性物品填充和色阶来表现。在环境构造、民族美术创作、形象和物品象征符号范畴内，对文化传统的研究可以分析出这样一些元素和特点，它们能产生室内装饰的“民族品牌”。这些传统在他们历史文化范畴中的意义是解释美学构成内涵的必要条件。

二、人工环境布局协调的中国文化原理

（一）人工环境布局协调的精神文化原理

1. 有关建筑和营造的神话传说

尧帝是中国古代神话传说中一位广施仁政的统治者，他的寝宫看上去更像是普通的农舍，其尾顶是用编草覆盖的，屋子的立柱和横梁用的全是未

加工过的树干和枝杈。寝宫虽然简陋，但却建有石台阶，在中国的古代宫殿建筑中都可以见到类似的台阶。传说中的另一位管理四方的统治者黄帝则有若干处行宫，黄帝的夏都建在昆仑山的顶峰，五城十二楼环绕云间，整个宫殿群气势宏伟，造型华丽，黄帝的另一处行宫坐落在青要山上，在黄帝的领地内还有一座传说中著名的悬吊式园林玄圃，这是世上最大的帝苑，它被建在极高的地方，看上去犹如悬在空中。中国古代神话传说中的仙人、仙姑、龙以及其他神灵均住在天上的仙宫里面，例如，在月亮上有座华丽却十分清冷的广寒宫，里面住着备受孤独煎熬的仙姑嫦娥。

在中国古代民间传说中，同样有不少内容不同程度地涉及建筑和施工。传说中的鲁班，就是一位有着精湛建筑和营造技艺的能工巧匠，鲁班生活的年代大约在公元前 7 世纪。按照传统的说法，鲁班是木匠、石匠、油漆匠等手艺人的保护神，鲁班在世时曾有过诸多有益的发明创造，正是鲁班发明了用椽子加固木梁的方法，他还教会人们制作和安装房屋的门板，传说鲁班曾建造过许多著名的宫殿、寺庙和桥梁。

2. 中国传统建筑中的宗教哲学元素和理性内涵

风水学被认为属于道家的思想体系范畴，其理论基础同样形成于 3000 多年前。风水学认为宇宙间有些因素会给人、住宅和先祖的墓地造成危害，同时另一些因素则能给人带来福安，寻找各种趋吉避凶的方法和途径成为风水术关注的重点，存在于人周围的环境气场是风水学研究的核心内容。有关堪舆术的基本要义被记载在《易经》这部书中，这是一部重要的中国古代经学著作。

依据风水学理论，建造住宅时应当遵循一定的法则，这样才能使家庭生活幸福美满，而选择好定居和盖房的地点，则是首要。

风水学对空间环境的布局协调、住宅中一些最为重要的结构要素和房屋的内装饰均有明确规定。例如，长方形的建筑被认为是非常吉利的，它能给人带来好运。建房必须打好地基，风水对此的解释是，房屋坐落在天然或人工建造的台基上面，最能给房子的主人带来福气。

风水学认为，房屋的支架结构直接与天地相接。在房屋内架好立柱，生气即可在乾坤间往返流动，家居生活就会美满和谐。因屋顶象征着天，故风水学对房屋顶棚极为关注。按照风水的要求，屋檐不能棱角突出，不能太平直或太过斜。

门、窗既可被看作是建筑施工的构件元素，又可被认为是建筑物的装饰要素，故风水学对门窗的制作、安装极为重视，并做了相应规定。例如，凡屋与门须大小相称，若屋小门大，则气散煞入，主不吉；若屋大门小，则戾气重，家不和。对窗户的制作加工，风水术也有相应的规定，大窗门需用棂条榫合为若干个小方框，这样屋主就能得到富贵。

保护民居不受世间鬼邪侵扰的观念在中国风水学和众多的迷信传说中十分突出，因此，在对建筑空间环境进行布局协调时，自然要千方百计地阻断一切凶险之物侵袭民居的路径。中国传统建筑的一个最为显著的特点就是其外形结构以及多种室内装饰构件元素均含有独特的遮蔽功能。建筑物内外的围护、隔断构件从汉朝或许更早的年代就已经被普遍采用了。自汉以后一直到明清，围护结构和构件已成为中国传统建筑的标志物。

总而言之，风水学中有关民居内外环境布局协调的论述，既有根据远古神话传说和宇宙起源猜测杜撰出的荒诞迷信的内容，又有不少理性的，对民居人工环境景观布局协调来讲是十分有益的思辨和实践指导，对上述两个方面应当认真加以区别。

3. 中国传统文化中视觉形象、吉祥物及色彩等象征符号的意蕴

象征符号是中国传统文化中一个极为重要也是最具鲜明民族特性的要素之一。象征符号在中国的历史渊源可以追溯到史前时期，当时已出现了最早的神话传说和图腾崇拜。20 世纪，在经历了中国社会一系列重大政治和经济变革后，传统象征文化中的许多内容被完整地保存下来并继续以其独特的精神文化内涵影响着中国现代社会生活。

视觉形象符号的象征寓意。带有象征意义的视觉形象符号极为普遍地存在于中国的传统文化之中，其历史渊源可上溯到远古时期。传统文化中的视觉形象通常被赋予了某种特定的精神品质和改变人们命运并护佑其家园的神力。视觉形象符号的一个显著特点是它的正面象征意义。

带有象征意义的视觉形象符号可被划分为四种类型：兽神类、植物类、人神类和汉字象征符号。前三种视觉形象符号源于自然界中的生物形象，兽形神灵可能是中国传统文化艺术中出现最早的视觉形象符号，龙和凤是中国神话传说中最古老的兽形神灵，随着时间推移，它们已成为中国传统文化

中最受崇敬，影响也最为广泛的视觉象征元素，龙在中国传统文化中代表着威猛、权势、力量和尊贵，凤则是安宁、夫妻忠贞不渝、家庭和谐美满的象征。龙和凤作为一种视感形象符号，因被赋予诸多积极而正面的象征寓意而成为中国传统节日庆典和宗教祭祀仪式中不可缺少的标志物。

在寓意长寿和道家成仙思想的各类视觉形象符号中，最具代表性的是鹤与龟，这两类动物的造型形象是随着佛教的传入而普及的。植物形态作为一种视觉象征载体被广泛吸纳、融进中国象征文化的符号体系之中。众所周知，莲花是佛教文化中最重要的带象征意义的视觉形象元素之一，莲花是佛的圣洁、完美形象在尘世的化身。

福、禄、寿三星和财神的起源与祭拜礼俗有密切关联。象征长寿的神仙名为寿星，在道教中称其为南极老寿星，寿星的样子被塑造成一位前额突出、憨态可掬的老者。中国神仙图谱中的寿星形象被认为已有两千年左右的历史。专司赐福给人间的神仙名叫福星，福星被打造成一个员外的形象，福星通常手持花瓶和花篮，禄星是主管功名利禄的星官，身着绿袍，手持权杖。在中国古代绘制的众神图谱中，神仙手中的杖柄与其说是权势的标志，不如说是能满足人们意愿的魔杖。

具有象形寓意的汉字符号是一种特殊类型的视觉形象符号，这类形象符号的出现与中国文字形、神、象意的基本特征密切相关。被认为已有 4000 多年历史的汉字，集符号表意和均衡的笔画构型于一身，中国文字的这一特征使某些汉字能被用作具有指定含义的视觉形象符号。汉字构形组合兼具表象和达意功能，这使汉字符号的造型结构极具装饰性。

人类物化视觉形象符号的传统非常悠久，其历史一直可以上溯到远古时代。视觉形象符号先是被装饰在具有实用价值的物品上，到了后来则被广泛用于造型艺术品的装饰标志。视觉形象的物化传统在世界各国文化发展史上并不鲜见，然而这一现象对中国文化的发展却产生了极为广泛而深远的影响。除视觉形象符号外，在中国传统文化中还有一种吉祥物象征符号。中国自古就有用吉祥物装饰室内环境的传统，其中最为知名的吉祥物有陶瓷花瓶、灯笼、扇子和“中国结”等。灯笼具有实用价值和装饰性功能，在中国传统文化中它还有其特定语意内涵。灯笼早已成为中国各种重大节日和庆典的标志物，中国甚至有专门的灯节（元宵节）。对中国人来说，过完灯节也就意味着持续多天的农历新年（春节）的结束。按照中国古老的民间传说，灯笼不仅供在世的人们使用，而且它还为那些逝去的亡灵照明引路，据说亡灵会时常回到世上探望自己的亲友。灯笼对中国人如此重要还因为它是富贵的象征。红色成为灯笼的主色调并非偶然，因为红灯笼能增添一种生机勃勃、万象更新的气氛。

"中国结"又称"无尽结"，象征着佛陀心法无尽，无生无灭。在信奉佛教的一些民族中很早就有了这种结艺装饰。各种复杂的绳结造型被用于金属器皿、壁毯等工艺品的装饰图案。在中国，"吉祥结"通常被单独用作实物象征符号，"中国结"一般都是用红颜色的锦带编织而成并配以流苏装饰。作为一种护符，被挂于居室门厅横梁上的"吉祥结"能护宅佑主。

传统色彩的精神文化内涵。中国文化中的传统色彩及其符号特性均源于华夏先民对宇宙万象的认知体系。中国传统的色彩观和人们对色彩内涵所做出的最为直观的解释是与古代各种哲学宗教思想、迷信传说的影响以及复杂的民族审美心理倾向分不开的。中国传统色彩观的形成始于商代，其精神内涵对中国古典艺术和实用主义文化的影响达数千年之久。

（二）中国建筑传统及历史背景下的园林艺术

中国历史上非常重要的阶段是公元前 206 年至公元 220 年的汉朝，在这个阶段形成了统一的中央集权制国家和中国民族共同体，思想意识形态的标准和物质、精神文化的规范得到了最终确立和巩固。在很大程度上，这也包括建筑和设计领域，木材、石材和瓦是民间建筑和祭祀场所的建筑材料，这些建筑是以台基为基础的板材架构结构。房顶的边缘被饰以带有象征性装饰或象形文字和圆盘形尾瓦。经典中式宅院的空间构形在汉代得到发展。

非常有价值的汉代建筑资料来源于大量陶制房屋或宅院建筑模型，这些东西根据当时的习俗是出殡时的必需物品，汉代童葬中经常会发现高达 0.5 米的这类模型，这些巧夺天工的陶制"住宅"表现了许多建筑原型的细节。

公元 618—907 年的唐朝和公元 960—1279 年的宋朝，当封建集权制国家得到了巩固并且在外部政治方面取得了很高的地位时，中国传统建筑的特点基本上已经成形。这些特点在很多个世纪以来一直没有改变。在建筑理念里，住宅和居住空间的概念包含以宅院为标准的建筑群体，“四合院”是用来称谓这种中国民居类型的专有名词。住宅结构的主要倾向是正房在设计比例中成为最大最具代表性的部分。

中国古代寺庙有相似的空间结构规范，它们亦呈现为用墙进行内部隔离的建筑体系，建筑群中划分出主体庙堂——最大和最重要的建筑部分，以及按一定规则排列的被隔断分割的厅堂等其他建筑。

唐代的宫廷建筑和寺庙建筑表现出宏伟的特点，同时在结构的合理布局与外形装饰的美观之间表现出相宜的平衡性。宋代建筑设计有趣的新创意是房屋和桥梁建造中门窗孔的圆形造型，宅园或花园内墙的门或门孔可以有这种形状。在石拱桥的基座上留出一个圆形孔，这种孔的形状被称之为“月形”，这个特征成为中国建筑所特有的，在其他文化中找不到类似的例证，“月形”孔形状在后来所有的时期被广泛使用。

宋代园林艺术作为风景环境艺术形式得到很大发展。根据历史资料，这个时期最负盛名的当属苏州园林。但遗憾的是，很多 11—13 世纪的园林都没能保存到今天。

随后的封建时代是明朝（1368—1644 年）和清朝（1644—1911 年）。每个朝代的政治和社会经济环境会在许多方面决定其文化的特点。所以，明朝推翻蒙古统治者夺取政权推动了民族自我意识的增长和这个亚洲大国在各个生活领域的空前提升，这些过程在文化和艺术领域都有所体现。明朝成为一个文学、绘画、装饰实用艺术繁盛的时期，正是在这个时候出现了真正的建筑经典之作和著名的大型园林。

明朝的建筑师和设计者们继承并创造性地完善了前几个世纪的优秀建筑传统，在这个时期形成了区域性的建筑风格，这些风格在一定程度上依赖于国家不同地区的气候和地理条件。中国建筑史上最值得纪念的是明朝时期建造的大都市北京，还有南京和其他一些大城市。

1421 年，北京成为明朝的都城，它的建筑风格备受世人关注。北京最出色的建筑物是“紫禁城”，在那里坐落着皇宫、国家行政机构和礼仪场所，构成了宏大完整的建筑群，在这个领域，它成为中国中世纪建筑成就的精华，在“紫禁城”中存在有各种传统建筑形式和元素的最完美形态。

明朝最有名的纪念性建筑物是北京的天坛、太庙、地坛和社稷坛。明朝时苏州成为中国“园林之都”，许多14—16世纪风景设计的典范被完好地保存到了今天。

清代建造的著名建筑物有谋克敦（沈阳）的故宫和努尔哈赤陵寝，北京的颐和园夏宫，北京景山公园的宫殿以及其他一些建筑，还有17—18世纪苏州、北京和其他城市的著名园林建筑。

中国从唐宋时期兴起的建筑设计特色是其结构性和装饰性的固有结合。实践中，每个结构因素都具有专门的外形，同时也有确定的美学功能。在清朝建筑中，对装饰性的追求达到了顶峰。这个时期的建筑，在继承了以前所有主要规则的同时又表现出特别的奢侈和精致，这是通过大量局部装饰以及细致的加工来实现的。

屋顶和顶棚的结构。屋顶和顶棚结构在中国建筑传统中表现出很大的多样性。带飞檐的双坡瓦顶是传统文化最引人注目的外部标志。这种类型的屋顶从古代起就得到普遍推广。

根据一定的情节规范，采用植物和动物符号来完成木质顶棚结构、横梁、斗拱上的装饰图案。“合喜”装饰形式包括龙、凤、花，其中包括菊花图形。明代非常流行的“悬鱼”装饰风格有不同花朵图案，比如荷花。被称作“苏州图案”的装饰形式中使用了花朵或桃子、石榴、葫芦等果实作为形象符号。

墙壁在传统中国建筑中不属于直接意义上的结构元素。建筑的支柱构架或梁柱系统显示，墙壁不只有承重（支撑）作用，更有隔离功能。相对来说，门框和窗框较灵活，门窗框可以根据美学标准、局部地势和环境条件等的变化而设计成不同的形状，并决定安装位置和装饰风格。

栏杆。中国传统建筑结构中最突出的外观元素是栏杆，它肩负着隔离和装饰任务。从唐宋时起，栏杆的基本建造形态没有实际的变化，但是造型、比例关系和个别元素的装饰在不同时期具有自己的特点，明清两代的栏杆工艺表现出精美和复杂。小立柱具有柱冠造型，栏杆所有的元素都被饰以豪华的镂空装饰或浮雕雕花。通常，艺术雕花题材由植物造型构成，其中最普及的是朝气蓬勃的“梅花”造型，它是雅致、素洁和高尚的象征，北京和沈阳故宫的宫廷柱栏可以视为这方面的典范。

关于在紧靠院内住宅（主宅和辅助性建筑）的建筑结构和元素中，最重要的是隔离墙和影壁墙，它们既是宫廷建筑的特点，同样也是四合院这样的普通民宅的特点。

在花园庭院景观的封闭空间中，其采用的建筑形式中最普及的是亭子、单独的回廊和小桥。骨架支撑结构原则使亭子和回廊与其他种类的建筑——宫殿厅堂、寺庙等非常接近。

小桥。中国园林不可缺少的元素——凌驾于小溪和湖水之上的小桥。园林小桥的结构和装饰符合中式桥梁建筑的一般规范，这个规范从唐宋起得到了特别的发展。园林小桥的建筑材料主要采用石料，偶尔会用到木材。小桥的形状多种多样——水平的、拱形的（半月形的）、之字形的、带有护栏的、没有护栏的等等。

（三）历史进程中的中国室内装饰传统

中国传统室内装饰的历史应该从汉代开始，在此之前，没有更早期的关于内部陈设装饰和室内物品的确凿资料。

汉代室内装饰的特点是没有家具陈设，被用来铺在地上的草席是内部陈设的主要物件。富人的房屋和宫殿的寝室装饰由彩色的墙壁绘画构成。公元3—4世纪，中国室内装饰方面出现了带有小桌腿的低矮小桌，直接放在地板上的小匣和存放日常必需品的箱子，并配以不高的抽屉柜子。公元6世纪，胡床首次成为中国北方住宅的室内装饰陈设，胡床的普及为室内装饰的一场革新做了铺垫，这场革新发生在几个世纪之后，当时，中国人的日常物品中引入了椅子。

关于唐代时期宫廷室内装饰的有趣信息反映在著名画家周昉的《杨妃出浴图》中，这幅画用以表现以美色博得唐玄宗宠幸的杨贵妃。房间的室内装饰有低腿矮桌、雕花格栅屏风、绘画幔帐。高脚桌、椅子和摇椅的出现给中国室内装饰带来了根本性变化。可以认为，这次变化在唐朝已经开始出现。

从宋代开始，高脚桌开始不只被用来进餐，也用来制作食物。在这个时期的造型艺术中也可以找到新的室内装饰元素的例子。

椅子的使用根本性地影响了中国室内装饰的特点，桌椅使用给许多传统日常习惯带来根本性重构，其中包括对于室内装饰中表面类型的再认识。随着椅子和桌子的出现而带来的室内装饰的变革还表现在其他方面，一些基本的家具物品在房间中从此有了固定位置。

在这个时期出现了柜子的雏形——高度长于长度的室内用的箱子。在汉代墓葬中出土的壁画上，我们可以看到这种箱子的造型。壁画反映了家居清扫的全景。

宋代及其以前室内装饰的必要元素还有屏风，他们具有实用性，也有装饰性。传统中式屏风由珍贵的木材、丝绸制成。绣着花草、诗词，镶着宝石、珍珠和其他珍宝。宋代文学艺术作品中有关于屏风的生动描述。

小亭这种建筑形式，可以使友人们在风景宜人的大自然里共同畅饮，可以让诗人独自吟诵。宋代时，桌子不仅是居室或公共饮食场所中普及性的装饰组成，而且也存在小亭中。明朝统治时期，完全可以认为是中国传统室内装饰的全盛时期，所有室内装饰元素都获得了很高的发展并呈现出多样性。之后的清代完全保留了明代的内部环境填充物品的形状和设计标准，并在某些方面更具装饰表现力。

明清两代的室内装饰元素可以分为两个基本部分：第一部分包括既有实用性又有装饰性的物品，第二部分包括具有装饰效果或象征性装饰意义的物品。

总体来看，明清家具、屏风、间壁、门窗隔扇等室内结构、陈设构件的一个非常鲜明的艺术特色就是采用大量雕刻装饰。这些雕饰的共同特点是精致、典雅、华丽，明清时期的文学作品对此多有着墨。

灯饰。中国古代的照明用具是灯笼。在中国传统文化中，灯笼是一种历史悠久、应用广泛的吉祥物。灯笼在宋朝已是一件被广泛用于宫廷和民间的器物。到了明代和清代，悬吊式和落地式灯笼已成为室内装饰的必备器物。灯笼以其亮丽的色彩和典雅的造型不仅可用来照明，而且也用于室内外建筑的装饰。

历史悠久的中国传统室内装饰品包括石刻、牙雕、木雕、书法绘画和陶瓷制品等。中国传统室内装饰物的完整体系是从明代开始形成的，这一体系所包含的必备装饰元素大部分都具有象征内涵。居室内带象征寓意的传统装饰品对房主来说是吉祥如意的保证。

陶瓷制品是中国传统的室内装饰元素之一。明清两代是中国陶瓷制造艺术的巅峰时期，当时在陶瓷制造领域形成了众多风格流派，其中最具代表性的是始于元代的青花瓷器。明朝时釉下彩和釉上彩等彩瓷烧制工艺已日臻成熟，这一时期的五彩瓷器珍品，其釉面纹饰绘画的艺术表现力丝毫不亚于纸画和绢画。用大型落地陶瓷花瓶做室内装饰成为明代一种广为流行的时尚，因为花瓶被看作是平安吉祥的象征。

室内装饰用石刻、牙雕、木雕、瓷器的表现题材多为各种人神、兽神、植物和汉字等象征造型艺术形象。明清时期用“景观”石作室内装饰也成为一种时尚，一些石料以其天然形态和色泽纹理而让人看上去犹如一幅惟妙惟肖的山水画。

（四）中国古代建筑及室内装饰的配色传统

已知中国传统木质结构建筑雕梁画栋的历史开始于周代。红、黄、绿、蓝（天蓝）作为中国传统建筑内外装饰的基本色彩，其文化内涵自周代一直延续到明清。较之北方帝王宫殿建筑群的鲜艳装饰色彩，南方建筑的色彩装饰则带有一种素雅风格。这种具有明显地域特点的建筑色彩差异在明清时期尤为突出。

周朝时即已开始对建筑物的色彩装饰进行严格的等级划分，此后历朝历代都严格遵守并进一步完善了建筑色彩装饰的等级制度。按照这样一种等级制度，只有皇宫的装饰才能使用各种有特定寓意的传统色彩，明朝和清朝对这一规定执行得最为严格，黄色、金黄色成为帝王宫殿装饰的专用色彩。北京、沈阳两座皇宫的装饰色彩同样是以金黄色为主。

红色代表一种极高的社会地位。中国古代只有皇亲国戚和达官显贵有权将自己的院门、殿堂正门及廊道栏杆漆成红色。红色象征天地“姻缘”，是幸福吉祥的保证。

青（绿蓝）色系象征天和水，历来被认为是一种非常雅致的色调。作为建筑装饰用色，青色系同样为达官显贵所专用。绿、鲜蓝、青碧、天蓝等颜色多用于房屋顶棚的色彩装饰。

其他一些颜色，如褐色、黑色、白色等，虽然也用于吻兽和室内木构绘饰，但通常只起一种陪衬作用，目的是通过不同色调的明暗对比来突出整个装饰色彩的鲜亮和生动。

彩画是中国古代建筑棚顶装饰的一大特色，它是指用红、褐、白几种颜料在以青、蓝为底色的棚顶梁栋上绘制出各种精美的图案纹饰。

中国传统建筑及室内装饰的历史渊源甚为久远，并一直延续了数千年。中国古代宫殿、寺庙、四合院和园林建筑艺术最充分地概括出了具有不同功能语境的传统人工环境景观的布局协调原则，而正是这些原则既集中体现了中国历史上各个朝代的建筑施工技术、建筑艺术理论和实用装饰工艺的成就，又反映出中国社会传统的建筑艺术审美取向。

视觉象征符号和实物象征符号（吉祥物）是中国传统建筑装饰的重要组合元素，其表现形态可以多种多样。装饰图案（壁画）、棚顶、斗拱和经过装饰的柱体、实用陈设品（家具、间壁、屏风等）均可作为视觉象征符号的载体。

纵观中国传统建筑和室内装饰艺术的历史变迁可以了解到，中国传统建筑和室内装饰艺术的构成要素、表现形态经历了一个由简约到复杂的演变过程，而在这一漫长的演变进程中却始终保持着中国传统文化的基本精神内涵。

明清两代应被看作是中国传统建筑和室内装饰艺术发展的一个鼎盛时期，其建筑造型和室内装饰风格绚丽多彩、空前丰富，尤其在室内陈设品方面，无论是实用性陈设饰品还是纯装饰性陈设品都得到极大发展。还应指出的是，明清也是中国古典园林建造艺术的极盛时期。综上所述，明清时期的建筑和室内装饰艺术风格因其承上启下的特性，而成为中国古代人工环境景观布局协调艺术的集大成者。

三、中国室内装饰设计中的文化传统

（一）中式餐厅室内装饰空间构成

在中式餐厅中，建筑空间构成具有浓厚的室内装饰审美风格。在一定条件下，可以将建筑空间构成按不同结构分为三组。第一组为“民居式建筑”，第二组为“庭院式建筑”，第三组为“园林式建筑”。

各种不同的梁柱、天花、墙壁、台基，能够在某种程度上再现传统建筑结构基本特征的各项要素，实际上最具有代表性。

建筑中的梁柱，包括立柱和房梁，在空间结构中起着基础性作用。从建筑整体观点来看，立柱是最具表现力的要素。在酒店的室内装饰艺术中，根据在整个空间和审美构成中所具有的功能和所处位置，可以将各种不同的立柱分为两种。

第一种为传统风格的立柱，强调典雅、精细，讲究中国古典建筑艺术的对称性。在酒店室内装饰中，这种立柱都是木制的或仿木材料制成的，并漆成红色，立在饰以浮雕的方形平台或梯形基座之上。在室内装饰中，它们起到结构性作用。比如，上海梅园村酒店里就有几个外表光彩照人的红色立柱，立柱之间以横梁相连，沿大厅的一面墙依次排列开来，还可以举出两到三个装饰性立柱作为室内装饰构成的例子，此类立柱还可以与其他传统梁柱因素结合起来。

第二种立柱原本是该建筑物的一部分，发挥着承重功能。采用立柱的建筑结构刚好与中国建筑术的传统标准达成一致。现代建筑物中的立柱通常是成排而立的，但在这种情况下，在对称比例上总与传统的立柱有别。在我们所研究的具有民族特色的餐厅室内装饰设计艺术中，此类立柱兼具承重功能和装饰功能，或者还起到装饰和象征作用，其装饰和标志作用总是体现在外形上。原本作为建筑结构中基础要素的立柱，借助于装饰手法便成了创造艺术审美形象的结构要素。

梁柱的另一要素为悬臂或支架，这是联结立柱与上梁的特殊结构。实际上既有传统的，也有仿制的。首先是仿古装饰、精工细雕、复杂的透孔花纹，并且色彩鲜艳，五光十色，以这种形式装饰的餐厅有颐和轩、仿膳。悬臂还表现为古典式样，装饰画古色古香。这些都可以在地平线酒店、上海梅园村酒店的室内装饰中看到。在香宫（上海香格里拉大酒店）、上海老饭店、黔香阁、绿波廊酒楼，我们见到的是更具表现力的悬臂多样化形式，保留着自身的独特风格。

顶棚的横梁是梁柱体系中的第三个要素。像天花板一样，横梁都用木材或者木材的替代材料制作而成，可以表现为传统或仿制形式，这一点与悬臂并无不同。传统形式的横梁是直接在上面绘色彩斑斓的图案，使用这种室内装饰的酒店有颐和轩、仿膳、金园、王府、光明村大酒店。

在天花板装饰横梁非常流行，在这方面有趣的例子是星辉茶楼和金钻潮庭饭店的室内装饰，星辉茶楼的横梁没有任何装饰，固定在悬空的天花上，白色的天花和黑色的横梁制造了强烈的线条表现效果，使得人的注意力集中于装饰空间这一部分。

（二）中式餐厅室内装饰的传统象征和色调

1. 视觉形象象征意义

组成中式餐厅室内装饰审美艺术结构的因素之一乃是视觉形象的象征意义。在我们所考察研究的对象中，象征意义的内涵及其在室内装饰中所表现的形式总是令人兴趣盎然。

在绝大多数餐厅的室内装饰中，都有象征意义的形象，通常是几种象征图形的组合，植物系列和动物系列出现的频率最高，其次是象形文字，人物象征图像甚少。

在室内装饰中，体现动植物象征意义的形式多种多样。首先，构成建筑空间部分或陈设要素的装饰性木雕或石雕、象征性花纹图样多次重复出现。有趣的是，在仿膳、一品鱼翅、上海梅龙村酒店的木座隔断上，雕刻着乌龟图案。具有象征意义的动植物是天花、横梁和柱础的流行图案，这些图案都表现为传统风格，这些象征物也时常被作为装饰绣在家具的套子上。

许多餐厅以龙的形象作为室内装饰的首选图案，比如在上海老饭店，龙的图案被雕刻在家具、五彩凹格天花和立柱上。在梅龙镇酒店的室内装饰中，金龙盘绕中国古典的红色立柱，这是模仿明清时期皇帝宫廷样式的装饰。大厅中的壁雕是龙凤图，象征着生命的平衡。在龙苑中餐厅，台基四周象征性地环绕着四个白色大理石雕塑：龙、凤、独角兽、龟。

具有象征意味的图形文字居于植物和动物图形之后，在餐厅的室内装饰中出现的概率占第三位，其构成既是传统的，也是有限定的，它们是“寿”（长寿）、“福”（幸福）、“喜喜”（双喜）。作为室内装饰的象征性文字图案多表现在壁雕、影壁、木座隔断上，作为家具套子上的装饰极为罕见。在四季中餐厅的影壁上也绘有“福”字。眉州东坡酒楼以“寿”字作为室内装饰。

除了单字或双字字画之外，作为餐厅室内装饰还时常配以简短的文字内容。这样的短文可以雕刻在立柱装饰木板上，描绘在木座隔断的镶嵌玻璃或雕刻在壁雕上，这种装饰是视觉形象与文字象征的结合。

在中式餐厅中，人物形象也得以成功地跻身于室内装饰的艺术审美结构，这些都是家喻户晓并备受中国人敬重的诸神形象，代表长寿（寿星）、幸福（福星）、财富（禄星）。上海国际贵都大酒店金凤楼等神像多以彩陶制作，表现形象完全符合传统标准。象征性人物形象表现为民间版画，挂在大厅的墙上，例如，黑三鱼庄、王府酒店就是这样的寿星老儿形象，只有北京美味珍御膳处，人物图像是雕刻在墙上的。

从整体来说，象征性饰物应当被视为中式餐厅室内装饰的主导特征之一，它既存在于建筑空间构成之中，也表现于家具的陈设之中，最为流行的是动物和植物图案。在室内装饰中，象征物的物化体现形式带有明显的装饰性，有的可能完全保留着传统的标准，但也可能发生变异。

2. 色调变换

在所研究的中式餐厅的室内装饰中，色调差异形成于组成建筑空间要素和陈设颜色。在对各种构成要素的不同色彩分类数据进行分析的基础上，可以将室内装饰分为四组基本色调。

最具代表性的是古典的明暗组合，在这一组合之中，基本颜色分布于室内装饰的结构要素——天花和墙壁之间，梁柱、陈设要素在这里只起辅助作用，这种色调必然以陈设、结构性要素等的明快彩色为主。

第一种体现为深色天花和明快光亮的墙壁。天花的颜色呈深棕色，几乎与黑木吊顶差不多。保持深谙色调的还有家具、梁柱（横梁、立柱）。墙壁的颜色反差有金色、浅褐色、淡黄色、灰色。墙壁以木料或仿木材料作为边衬，时常饰以雕版护栏，有时贴以绸缎或壁纸。陈设的木制品（屏风、影壁、木座隔断等）颜色与墙壁的明亮色调相配合。建筑中的梁柱（立柱、横梁）要素、陈设装饰要素（灯具、壁雕、“幸福结”、花瓶和花盆等）构成了明快的主色调。在凰庭酒店，深色木吊顶和天花横梁与灰色砖墙搭配组成整体色调结构，家具仍然保持传统的深色，金红色的吊灯和落地灯成为明快的主色调。

在餐厅室内装饰中，第二种明暗色调搭配是明亮的天花与深色墙壁。平滑的欧式天花板，没有吊顶，墙壁以木板条镶边或深颜色壁纸贴面。在有些情况下，梁柱（立柱、横梁）、家具也会是深颜色。构成对比反差的也是立柱和装饰性陈设。

第二组色调是最传统的颜色（红、金黄、蓝、绿色）结合，是对深浅颜色搭配的一种补充。室内装饰这一组色调具有明快亮丽的特点，让人目不暇接，烘托节日气氛。基本颜色分布于建筑空间的各部分——天花区域、墙壁、立柱之间，有5处有红黄蓝三色相互搭配，如龙苑中餐厅的室内装饰，红黄色构成主色调，墙壁、梁柱、天花（红地金框）均为这两种颜色。在王府酒店，天花的色调类似于仿膳，墙壁为明黄色，立柱则为红色，横梁的装饰图纹则呈蓝绿色。

在多数情况下，木制（或其替代材料）家具、木座隔断及其他装饰制品构成室内装饰中极大的色调反差，其中明快的亮色有“幸福结”（上海梅龙村、自然茶艺馆）和灯具（北京美味珍御膳酒店、自然茶艺馆、锦园餐厅）。

最为少见的室内装饰是以黑色为主，黑色吊顶、板条墙裙以及立柱、陈设（家具、屏风）等，以万豪轩酒店为例，这里的天花、墙壁和立柱都以黑色木制品作为装饰，北京饭店谭家菜的天花为黑色吊顶，家具的式样是明代的，在这一组室内装饰中，主色调由壁画（谭家菜和明园酒店）和壁龛中摆放的陶瓷艺术品（万豪轩酒店）来展示。

（三）中式餐厅室内装饰艺术审美的形象性原则

室内装饰的基础是各要素的比例和视觉形象构造的建筑空间部分，这为整个室内装饰确定了一般基调，在整体结构中占主导地位，其主体风格不是某一成分的单一运用，而是具有传统文化典型特征的建筑空间要素的综合运用。审美艺术结构的世俗精神在室内装饰功能性方面得到强调，如木座隔断及建筑空间诸要素，这符合中国历史传统，还有墙面所贴的壁纸和装饰的墙裙，也属此类。

在许多酒店，室内装饰都是民居建筑形式与庄园式建筑诸要素的结合，比如在北京影艺食苑湘菜餐厅，天花为传统风格的木吊顶，还有几个凉亭。

传统风格的陈设物品在空间布局上完全符合古代中国民居的实用性标准，实木家具和华丽的灯具、木座隔断和陶瓷制品、屏风、影壁和造型艺术作品（水彩画、书法作品），从中世纪开始即已成为家居宅院（寝宫、豪宅大院、亭台楼阁）内部装潢与权势地位紧密相关的标志，所有这些都可以视为体现室内装饰领域文化传统的标志物。

传统陈设要素在室内装饰结构中通常被综合运用，这一方法营造了室内装饰的文化效果，并与建筑空间要素相结合，强化了整个室内装饰的艺术审美表现力。在中式餐厅的室内装饰中，营造环境气氛最流行的要素为吊灯、雕刻木座隔断、水彩画、书法作品以及陶瓷制品。

中式餐厅室内装饰的突出特点还有其所运用的活灵活现的视觉象征。体现象征的形式多种多样，但基本可以归为两种类型，用来作为传统象征物的有装饰图案或建筑空间的要素和各种陈设物品。

色调在绝大多数中式酒店的室内装饰中都保持着传统风格。色彩装饰所应用的色彩都符合历史传统形成的民居结构色调标准。在大多数运用色彩作为室内装饰的酒店中，最为常用的颜色为金黄色和红色，正是这两种颜色构成了中国的传统色，通常以金黄色为主。

通过对中式餐厅室内装饰进行分析，不仅可以说明其丰富多彩的传统文化特征，而且还可以确定这些特征十分相近的历史共同点。在这方面，建筑空间部分和陈设物品的某些要素为我们提供了大量信息。

明清时期是古代中国物质文化和艺术最为辉煌灿烂的时期。在该时期内，传统建筑的典范和室内装饰原则形成，并得到了空前发展。现代中国室内装饰工艺正是以中国历史上这一类型的艺术审美成果作为标准。

首先，这是在保持整体空旷和自由印象条件下对空间的分割。在现代室内装饰中，各种分割空间手段得以充分利用，这些手段里一部分是室内装饰自古即有的传统特点，另一部分则进行了艺术加工，这是现代中国装饰工艺创造性地运用文化传统的又一证明。其次，传统中国室内装饰的特点是功能性与装饰性相结合，明清时期室内装饰性特点显而易见，这种结合也体现于现代酒店的室内装饰，在其结构中，建筑空间元素、陈设物品的功能性要素与纯装饰性、审美性要素有机结合。

形成酒店室内装饰审美艺术形象的基础在于运用联想方法。古代中国的形象通过联想形成两种基本表现形式。比如，在中式餐厅室内装饰中满目的金黄色和红色，还有作为装饰的皇帝龙椅，都让参观者如置身于富丽堂皇的皇宫之中一般。至于联想的象征意义，则可以说，任何一个酒店的室内装饰中都有体现，并发挥着各自作用。

视觉形象和陈设象征乃中国文化的本质特征之一，因此，其在室内装饰艺术中强化了民族传统题材的意义。在室内装饰中运用象征的全部表现形式，从其外部特征和内涵来说，都是符号性的。

在中国现代室内装饰中对于传统文化要素应用的差异在于功能定位，

餐厅的室内装饰设计追求大而明亮，创造艺术效果，有机地与酒店空间结构相协调。追求文化传统风格在中式餐厅室内装饰的创造性活动中实际上得到了广泛运用，在现代中国餐厅室内装饰的艺术审美方案中，文化传统主题占据主导地位。

在餐厅室内装饰中，采取模拟方法诠释传统文化。模拟在实践中应用极广，涉及建筑空间结构要素、家具陈设和传统象征物。在多数餐厅的室内装饰中，色差对比完全符合民族传统色调搭配标准，实际上也没有多少明显变化，模拟的和现代的都是如此。从传统角度来看，可以说，这是现代中式餐厅室内装饰结构中最稳固的部分。

第四章　室内设计的美学和风格

第一节　现代室内设计美学研究

一、室内设计的样式美

（一）朴实之风

窝棚之类的东西，这便为巢，其支撑稳妥，居住面积大，可以抗御兽害与潮湿，这就是人工的“居巢”，它可以被看作后来我国南方地区干阑式木构建筑的一个原始雏形。上古时代人类对于室内空间的认知程度仅出自于人类与自然的冲突。从四川出土的青铜器上，有一个显示悬空窝棚的象形文字。穴居与“巢居”不同，现已发掘大量遗址，特别是在黄河流域黄土地带较为集中，那时就初步完成了由“穴而居”向坐落于地面的屋的蜕变。原先的活动顶盖，其支撑物构成了屋的柱，即所谓“极”。以构木为巢的“干阑”建构室内空间是长江流域最典型的方式，这一时期，从纵向的室内空间风格始源来看，确实闪烁着审美意义上的朴实之遗风，表现着原始人对人的伟大力量的崇拜与赞美。

（二）宗庙与陵墓

历史上遗留下来大量的宗庙与陵墓，至隋唐时期，中国艺术文化处于鼎盛时期，中国传统中以宗庙为先的精神意识和建筑空间思想的形成也深深地影响着中国建筑空间构建活动的诸多方面。在宗庙建筑室内空间中，忽视人类实用功能的需求成为设计的特点。

宗庙、陵墓的设计无视百姓的实用功能空间，今人看来已觉十分遥远。宗庙、陵墓里的巨大室内空间既不符合社会大多数人的正常生理功能需求，也不符合人的正常心理功能需求，如换一个角度讲，作为封建时代浩大规模的建筑活动来看，其对后世的影响是显要的。

（三）宫殿

由于中国封建社会的体制限定，宫殿成为中国建筑史及世界建筑史上的一座熠光星碑，从技术精巧水平方面成为一笔丰厚的文化遗产，为后人醉心于无止境的室内装饰而忽视人的生理与心理需求产生了深远影响。从元代以来，西征异己，扩展疆土，所建造的大明殿为早期壮观华丽的代表作。

殿内外木材上均施彩画，红、黄、蓝、绿，金碧辉煌，在世界建筑空间中，唯我国建筑始有。壮观华丽的宫殿建筑是封建社会时代的历史产物，同时，也反映了当时统治者的设计审美思想与特定历史时期官方的审美风格。宫殿建筑设计风格表现出的是中国人与宇宙空间关系的意识概念，既然自然宇宙如此之大，而人王理应与天地等大，壮观奢华也就是情理之中的事了。

（四）民居

几百年之前，中国民间居室设计在历史上已占有自己的位置，西汉以前已经有“一堂二内”的民居形式。《汉书》张晏注曰：“二内，二房也。”段玉裁注曰：“凡堂之内，中为正室，左右为房，所谓东西房也。”侯幼彬先生将其形式称为平民居住的通用形式，是当时民居的“基本型”。古代“一堂二内”的民居房型，是功能与形式相结合的典范，是华夏民族智慧的体现，其房型从今天的审美观点看仍具有较高的设计水平和审美价值，它注意到人的基本生理需求，又考虑到人与空间的渗透关系，强调了人在房中的主要地位，与前面讲的宫殿的设计风格迥然不同。从室内空间设计形态的审美角度来看，“一堂二内”的室内空间设计具有以下优点。

1. 面积尺寸符合人的基本使用功能。据记载，“一堂二内”的每间面宽 3.2 米左右，进深 4 米至 6.4 米，三间共折合面积约 40 平方米至 60 平方米，作为起居用房，无论单独使用，还是组合于庭院中使用，空间大小都较为适宜。在当时的物质、经济条件限制下，该空间的面积已足够人们使用了。

2. 满足人们居住私密性要求，尊重人的生理和心理特性。一明两暗、一堂二内式的空间分割使堂屋处于中轴线，内室各为其侧，既有良好的私密性，又保持了室内空间的连贯性、整体性，间架分明、分合合理、主从关系明确。

3. 获取良好的光照与通风，符合人的健康需求。堂屋与两侧内室都可以在前后檐自由开窗，形成过堂风。

4. 房形构造有利于组群整体布局。其三开间的建筑单体，平面呈矩形，立面上明显地区分出前后檐的主立面和两山的次立面，这种规整的、主次分明的设计既适合于单栋独立布局，也适合于庭院式组合布局，其形式有无限的可延伸性，对后来大型花园宫殿布局设计具有启发作用。

从上面分析来看，“一堂二内”的民居形式正是具有这些优点才成为中国住宅设计木构架体系长期延续，颇具生命力的主体房型之一。由于各地区自然环境、生活方式的差异，产生了与北方屋型既有共性又有不同的各种住宅的房型，如晋豫陕北地区黄土地带的居民，土崖挖穴，其较大住宅往往并列，其间辟门相通，比较富有者在穴内砌砖，至地面建筑，发券作窑居形。江南地区，因气候较北方温和，墙壁之用仅区别于内外，为避风雨，故多编竹抹灰，作夹泥墙，其全部构架、用材皆趋向轻简。远处南疆的云南地区气候四季如春，故其风格兼南北之风尚，其室内平面布置近于江南形式，又有北方木构房型之优点，各房配合多使其成正方形，称“一颗印”，为滇省住宅房型之显著特征。

从各地区民居房型特点来审视，“一堂二内”“一明两暗”“一正两厢”的空间设计形式是其共同特征，只是在配置和比例上有所不同，其满足使用功能、注重人的本性需要的室内空间设计思想和审美风格是一致的，比起那些烦冗华贵的楼台亭阁与宫殿庙宇要朴实、亲切得多。

每一个历史时期的设计现象都不是简单的重复，而是赋予新的内容，新的创造。在我国20世纪二三十年代的室内设计中，出现了几种设计风格倾向，一些建筑师探索“中国民族形式”的建筑室内空间设计风格，努力吸取民族形式的传统表现手法。

（五）中国20世纪20年代至当代的室内设计

1. 20世纪20年代至50年代初的室内设计

（1）传统型

建筑是时代与民族文化并存的产物，室内空间随建筑的发展与演变，从依附到形成自己的设计体系走过了漫长岁月，在积淀与流失中逐步体验到空间与人的关系问题，这是室内设计的根本问题，这个过程也渗透了外域的精华与糟粕。中山堂就是反映民族特色的“宫殿式”的建筑杰作，其设计在采用新材料新技术的同时，仍保留着中国传统贵族式的室内空间造型与装饰特点，中山陵藏经楼的室内设计采用传统八角形的藻井装饰和梁仿彩画装饰，广州中山堂的室内设计，色彩鲜明亮丽，富有传统装饰特色。

（2）折中型

仿中国古典折中主义建筑的室内设计。有些中外建筑师追随和抄袭西方古典建筑手法为时髦的创作倾向，同时适应新的结构要求和新的材料性能。这时期的代表作品虽然从设计风格上看，有点牵强附会，但无疑是对纯粹仿制古时“宫殿式”建筑空间装饰的做法的革新。

（3）引进型

由于受西方现代主义建筑思潮影响，大力倡导建筑产品批量化，上海国际饭店等高层建筑都受当时西洋风之影响。

（4）民俗型

尽管在大城市里会受到西方设计思潮的影响，但不可忽略的是，同时期的中国多数城市在按其特有的乡土情怀和传统方式进行设计和施工，它们以独特的设计语言表现着人们对室内空间设计的理解和认识，如南方的里弄、西北的窑洞、北方的四合院以及少数民族的竹楼等，这一时期的建筑形象地反映出当地人文与民俗意义。

（六）中华人民共和国成立后的室内设计风格

1. 从北京饭店看新中国成立后的室内设计

1974 年建成的北京饭店的东楼共 20 层，是当时在北京能较好地解决声、光、热问题的较大规模饭店。室内设计典雅华贵，富于装饰美感，是现代设计风格与中国传统风格相结合的设计作品。据记载，最早的北京饭店是其中间的一部分，它虽一再整修，却还保持着民国时期“西艺东渐”风格，细看窗饰风格，很有西洋古典风情，至今韵味犹存，从穿行在横贯东西的共享长廊上的镶木地板上可以得到证明，虽经历了几十年而依然光润。在北京饭店的西侧，是 20 世纪 60 年代初启用的扩展部分，从外表上看并不华丽，但室内设计与制作以及选用材料非常讲究，内部空间的功能划分实用性能良好，特别是一楼大宴会厅，成为国内大酒店多功能大厅设置的先河，宏阔高雅，直至今天不敢落后。在外部形态上既照顾到与旧楼的风格统一，又在顶部自然地使用了民族化的亭子装饰，因为有意不使用琉璃瓦，同样能与楼体浑然一色，在视觉上给人以不突兀的灵动感，化解了整栋楼体过于方正的单调印象。

从北京饭店建成到不断完善，反映出中华人民共和国成立后设计师对功能与审美需求二者辩证关系的认识，也同时看出北京饭店首次对技术问题的重视。1976 年唐山大地震，虽然北京市也受到一定影响，但 20 层高的北京饭店却安然无恙，充分显示了较高的建筑水平与装修质量。另外，它还首次使用了让北京人感到新奇而自豪的人体感应自动门装饰。室内设计也从追求现代派风格的强调功能性到与民族传统装饰艺术的融合，形成了浑然天成的现代设计与民族装饰相统一的风格。

2.20 世纪 50 至 90 年代室内设计风格

第一阶段，中华人民共和国成立后，百废待兴，国民经济处于恢复时期。1949—1958 年，基本上没有兴建大型服务性建筑，也谈不上室内设计的发展与风格。

第二阶段，在 1959 年，中华人民共和国成立 10 周年时，政务院决定在北京兴建反映新中国气象的国庆工程，这项计划也包括了当时闻名的“十大建筑”项目。在室内设计方面，重点放在了人民大会堂项目上，首次聘请美术家和装饰设计专家配合建筑师进行室内装饰配套设计。因此，可以说，中国室内设计应从 1959 年随着庆祝国庆建筑工程开始而拉开序幕，这一时期的室内设计风格在今天看来主要体现出了当时的时代特点，表现出我国欣欣向荣的气象，重点反映出政治性与艺术性高度结合的设计审美原则，如人民大会堂，从万丈光芒的满天星顶棚设计上既可以看出象征全国人民各个党派团体紧密地团结在中国共产党周围的政治意蕴，又通过深邃璀璨的星空看出设计者所创造的优美装饰形式和魅力四射的审美内涵。室内设计的色调基本上为暖红色调，象征其热烈和革命性，如大红地毯等。在室内不同空间的局部设计上，如门头、檐口及会场舞台台口、柱头等重要部位的装饰处理上，设计师都进行了反复推敲，以求取得最佳艺术效果，同时也反映出设计师在尽可能地追求中西结合的装饰风格。北京国庆工程中配套完成的室内设计是我国 20 世纪 50 年代之后首批规模宏大、影响广泛的室内设计成果，通过国庆工程的实践，探索了立足于传统又体现时代精神的现实主义室内设计风格，获得了中央领导和社会各界的较高评价。

第三阶段，20世纪70年代至80年代的室内设计风格有了很大变化，尤其是粉碎“四人帮”之后的思想大解放和改革开放，国内一大批室内设计人员去西方学习考察，同时大批国外的室内设计画册陆续地引进来，使设计师开阔了视野，由20世纪60年代至70年代的为政治性服务，逐步走向以研究室内设计的审美主体——“人”为主要课题。这一时期有代表性的室内设计空间是20世纪70年代新建的北京饭店东侧楼20层主楼，20世纪80年代初建成的广州白天鹅宾馆和北京香山饭店，其室内设计的品位都非常高，尤其是广州白天鹅宾馆的室内设计，中西融合、环境幽雅。大厅的设计运用了多种设计形态的对比与统一，既有潺潺流水的动感形态，又有空间组合的分流导向，既有横切式的环形简洁造型，又有民族形式的园林设计，是我国宾馆中首次被“世界第一流旅游组织”接纳为会员的旅游宾馆。

1982年，在北京建成的香山饭店是著名的华裔美籍建筑家贝聿铭先生设计的，设计风格追求中国园林的意境和格调，同时反映出江南民居的风土人情特征，品位极高。我国建筑家戴念慈设计的宾馆，其室内部分由黄德龄先生设计，地域文化性极强，高雅脱俗。民族传统气质得到很好体现。又如，上海的龙柏饭店、华亭饭店，南京的金陵饭店等，都在室内设计中的环境气氛与审美意境上做了充分的研究探索，在施工技术水平上也有很大提高。

第四阶段，20世纪80年代末至90年代，室内设计从贵族走向平民大众。经济不断发展，改革开放深入人心，人民的生活质量与收入达到历史上最高水平。人们从对居住环境的“能用、够用、好用”提高到追求“舒适、安逸、美观、情调”的室内设计高度上，室内设计走进普通家庭。经济的高速发展也刺激了商业竞争，各大商场、商业机构等也对室内装饰设计提出了更高要求，开始寻求与国际接轨，追求符合人的本性，满足其生理、心理要求的理想购物环境。随着外资企业在中国的增多，他们对所租用的办公空间进行的室内设计装饰，不论是设计水平、材料选用，还是施工技术标准，都对我国办公系列的会议室、写字间、办公室的室内设计产生了很大影响。室内设计无论从理论上还是从实践上，大踏步地超越了历史上任何一个时期的水平。设计师思考的角度已站在文化品位与审美内涵的高度上来表述对空间环境的理解，并且开始审视未来，连接未来，设计风格进入了一个多彩的个性化阶段。云南省路南石林宾馆室内设计强调云南地方风情，突出当地审美习俗特点。1988 年，中央工艺美术学院的梁世英、何镇强等设计的北京国贸中心中国大饭店“夏宫”中餐厅，以合理的空间划分、高雅的色调、精湛的施工技术取得成功，其设计形式偏向于新古典主义风格。又如西藏的拉萨宾馆室内设计、北京的民族文化宫设计，其风格特点是在现代建筑的内部空间象征性地表现少数民族建筑的空间形式，并在室内空间的结构构件上较为直接地采用适当简化的少数民族装饰图案，保持少数民族的陈设艺术品等形式来营造室内环境气氛，既有明显的少数民族特色，又具现代装饰设计意识，其设计偏向于新少数民族风格。再如 1985 年，柴斐义先生设计的中国国际展览中心，外形利用简练的几何形体，具有强烈的现代建筑特征，室内设计采用裸露网架结构，表现对材料本质美的展现和对力量的崇拜，主要入口及门厅上空突出横切面结构，色彩明亮简洁。1991 年，建成的广州国贸中心大厦的室内设计也明显带有现代主义设计风格，追求材料的自然纹理，装饰构图简洁大方，它们汲取西方现代主义简洁设计手法，偏向于现代主义风格。

进入 20 世纪 90 年代中期后，室内设计风格出现新趋势，一是回归自然化，随着环境保护意识增长，人们向往自然，呼唤绿色设计，在室内设计中强调与室外的大自然交流，选用天然材料，寻其自然纹理的亲切感；二是在设计上反映个性化，尊重审美主体的生理与心理特殊需求，反对设计风格千篇一律；三是强调设计高度现代化，将室内设计与当前现代化科学文明技术相结合，使声、光、热、色、质等高度统一；四是设计弘扬民族特色的涉外服务室内空间环境；五是探寻人情味的设计意念。越是在高科技发达的今天，就越要注重人的内心世界的心理需求，研究人的心理平衡，让人们在喧嚣匆忙中置身于一个富有人情味的建筑空间里。上述新趋势多偏向于后现代主义设计风格。

二、室内设计的空间美

（一）室内空间的分隔美

隔断分为虚隔和实隔。虚隔通过门、洞、窗向庭院借景，将室外的无限风光引人室内，实隔则是在室内利用各种形式的隔断，取得室内空间“围与透”的辩证关系。

1. 虚隔

明朝文人计成在《园冶》中说：“轩楹高爽，窗户邻虚，纳千顷之汪洋，收四时之烂漫。”小中见大,大中见小,你中有我,我中有你。在科学技术发达的今天,室内设计师如贝聿铭设计的北京香山饭店的四季厅墙面的圆形门洞与香山的美丽景色浑然一体,香山饭店的设计特色吸收了中国古典园林建筑的优秀精华。在西方,窗户就是为了让光线、空气和阳光进入室内,但是,在中国,窗户却是一幅图画,窗户的形状就是这幅画的镜框。

2. 实隔

实隔是室内空间中的物质隔体,隔断在室内空间中的审美作用是非常重要的,它既有使用功能之美,又具审美功能之美,同在大的空间之中,又能时常感到亲切的氛围。用博古架形成的隔断则更具室内审美意味,使两个空间成为一个大的共享空间,创造出实中有虚的流动感,其形式历史悠久,造型多变,在我国早已广泛应用于各种室内空间,其种类繁多,集功能与形式于一身。另外还有窗帘、帷幔制成的软隔断,既轻巧又方便,为室内设计赏识乐用。

（二）室内设计中空间设计的重要性

“埏埴以为器,当其无,有器之用。凿户牖以为室,当其无,有室之用。故有之以为利,无之以为用。”古代哲学家老子的这段话,玄妙的哲理隽永深奥,富有诗意,令人回味,室内设计离不开空间,建筑像一座巨大的空心雕刻品,空间是一种将人包围在内的三度空间,所说的人可以进入其中是指四度空间的时空概念。

空间是一种物质,宇宙空间就是无限的,一旦放置一件物品就会出现视觉关系,空间就这样为我们所感觉着、生成着。当我们进入一个建筑物,就会感到空间的存在,这种感觉来自周围室内空间的天棚、地面与墙面所构成的三度空间。当一把椅子放在一个房间中,它也同时在四周建立起一种空间关系,同时让人意识到椅子填充了一部分虚体之后,还有无形的空间意味。空间关系也随之复杂化,这便成了有审美意味的三度空间,它反映设计者的意愿和对场合的容量控制。在空间感受上多呈静态感,空间的第三维度是高度,低矮的天花板常具有巢穴般亲切和温馨感内涵,表现设计者心理与生理的体验与美的表达。

人除了对三度空间的体验之外,还有时间的空间满足了人们对时空体验的要求,清丽或庄重,平和或隆重。在这个流程中可以静观品味其流动的画面上所产生的设计形式和装饰形态。

室内空间的时空美感，这个序列设计犹如一曲乐章或一篇优美的文章，中国传统的园林设计非常讲究时空构成和空间流动美感。空间的流动序列布置是运用流线或导引式布置方式。

（三）空间设计的功能性

只具满足特殊功能要求的空间设计而没有与之呼应的装饰设计美的设计便是无效的。通过对其不同功能需求进行分析，充分地将人的行为方式放在核心位置，才能让空间使用者在精神上得到陶冶。

1. 空间的主与次

哲学中将矛盾分为主要矛盾与次要矛盾，而处理问题成功与否的关键在于是否抓住了主要矛盾。室内空间也分主空间与次空间。人们从事生产、生活等活动不仅对单纯地使用空间有一定的要求，还对相应的辅助空间提出一定要求，如一个普通的餐馆之所以能开展营业活动，除了具备人们进行饮食的餐饮空间，还要具备一系列如厨房操作间、仓库等不可缺少的辅助空间。建立起主与次的空间概念才能有助于设计师在设计过程中分析复杂的大型室内空间的矛盾关系，抓住主要矛盾和主要方面，从而有条不紊地组织空间。室内设计的主次关系处理适度，室内装饰的主次便可根据资金的投入进行从容设计。

2. 空间分区

根据空间的使用功能性质，可分为公共空间和私密空间。前者如公共建筑中的会议室、休息室，酒店宾馆的大厅、多功能厅、餐厅等，住宅建筑中的起居室、客厅、餐厅等；后者如公共建筑中的老板室、客房，住宅建筑中的卧室、书房等。前者空间里人的共占性强，具有“闹”的特点，后者独自使用的多，需要宁静、隐蔽，具有“静”与“私密性”的特点。“闹”与“静”是空间中相互补充的设计元素，也是变化与统一完美协调的美学原理的运用。“闹”是相对的，比如迪厅的音响设计追求的是闹，但舞厅里的光线深暗，突出频闪，便是“闹”的视线与心理的“静”的补充。宾馆的客房虽需安静的氛围，但窗外的鸟儿鸣啾也能给客人带来消除孤独的快慰。其次，可以运用技术手段来调整闹区与静区之间的分差，如隔音吸声材料、坚硬的花岗石地面与墙面肌理自然的木质纹路和软色锦缎贴饰都是对静与闹的适度调理手段，从而达到更好地符合功能的空间需要。

3. 空间的流通设计

人们在室内从事各方面的活动，需要一定的范围。可以按不同的行为做空间基本流动尺度的分析与分隔，寻找到符合人流空间的确切尺寸和依据，划定出单位空间的容量。人体工程学便是根据人的生理、心理特征，研究人的活动能力、尺寸、尺度和极限的学科，为我们研究空间容量提供了详细的科学依据。所以，空间容量的设计要符合人体工程学的基本要求，如一个容纳个人的空间，你却设计了 15 个人的使用区，显然其室内空间失去了流动范围，产生挤塞，造成心理压抑、烦躁，失去了功能美感。又如，大型剧场的空间设计，因为观众多，必须尽可能多设计几个安全出口和分流通道，否则遇有紧急情况会造成灾难。再如，家庭居室中的起居室采用围坐式沙发布置，要充分考虑到家人和客人的自由活动流线，否则，便会出现能坐不能出的难堪局面。

4. 环境对室内空间的影响

对室内空间环境来讲，产生间接影响的就是室外的自然环境。自然环境是指建筑物周围的环境。在室内空间容量的质量分析中，应尽量顾及与室外自然环境的联系，如该建筑周围的环境是生机盎然、阳光充足、树影婆娑，在室内设计时应尽可能地采用开敞式的通透采光手法，将人的视野引到室外的环境中去，让室内的空间容量尽量减少隔挡与封闭。假如建筑周围的环境景观不雅，对室内易产生污染性气体和嘈杂声音，那么，在设计中就应尽量采用多层实隔手段，减轻室外的不利因素对室内空间环境的影响。

（四）虚体、实体环境的结合

室内设计也是一件立体的艺术作品，室内空间的美感生成是实体环境与虚体环境交融时才会显现的。虚实相生，无画处皆成妙境。美产生于虚实相生，基础在实。室内家具、隔断、陈设物、绿化小品等所占有的空间是不定的，是需要通过感悟和想象才能领略的虚体环境。忽略虚体环境的设计将是呆滞的、没有灵动的设计。

广州白天鹅宾馆的内厅设计，让意念插上翅膀，寓情于景，营造出园林氛围，唤起了游子思乡之情。实体环境设计反映的这种美的享受就是实体环境所带来的虚体环境之美。室内设计中的实体与虚体环境的互补与统一是对艺术美的实境与虚境的性质、特点的概括，也是室内设计中虚体与实体环境艺术处理的精妙阐述。

（五）空间的平面设计之美

前面讲过室内设计是四度空间的组合体，从整个室内设计的思维过程来讲，一切美的空间形成将是无目的的、混乱的，是“以图为据”的基础设计资料凭证。室内所需的各种实质物品控制于优美的形式规则之中，平面布局设计的最大实效是功能、技术、艺术、经济等方面一目了然的体现，它控制了水平向纵横两轴开合的尺寸数据。室内空间平面布局美产生于设计师对形式美的控制能力。

室内平面布局中常常出现的目的失控现象在二维空间上的构图能力和驾驭形式美的规则与原理方面无能为力。平面布局的整个行为设计过程及这种精神的能动作用本身就是完成美的调控过程。设计师失去控制将会出现混乱甚至产生自我消亡，将导致无效设计。

如果将几何形中的其他形式如圆形、三角形合理地布置在其中，实物的元素形态的简化和重复在室内平面布局中也是美感显现的一种设计形式，它们的重复排列，侧重于体验几何体圆形与方形对比排列与重复的美感体验。

三、室内设计的意境构建

（一）室内设计的意境之美

要满足人的这一特殊的生理与心理需要，意境是中国古典美学的一个重要的范畴，意境说的前身是意象说，思想源头可以一直追溯到老庄哲学，意境这一美学概念渗透到几乎所有的艺术领域，并以它作为衡量艺术作品的最高层次的艺术标准。

意境在中国传统审美标准中具有如此显赫的地位，在一个艺术表现里情和景交融互渗，一层比一层更深的情，一层比一层更晶莹的景，因而涌现了一个独特的宇宙，为人类增加了丰富的想象，正如恽南田所说“皆灵想之所独辟，总非人间所有了”。意境是突破有限进入无限，为观赏者的遐想提供了辽阔的驰骋天地。营造出室内空间的虚体环境的意境美感，还是个性、情调、品位上都能感悟到艺术意境的美感。为什么许多家庭装潢后，投了很多资金却体会不到艺术的氛围呢？一般人们难以站在设计角度来表达出这种感受，首先要考虑的是实体环境的整体设计风格与格调的定位，然后才能进行材料搭配、色彩主调与层次、家具、灯具、室内陈设等进一步的细部设计，如为了充分表现出家庭主人知识分子的职业特点，在选择色调上确定为乳白色与原木色相统一的主色调。起居室吊顶设计采用中心圆形灯池，蜡烛式水晶吊灯装饰，白乳胶漆涂饰。墙面以白桦木板局部造型贴面和空白乳胶漆相互衬托，家具选择以现代简洁造型为主。空间中再点缀以绿化植物小品，更能体现出室内环境高雅的艺术品位。

室内设计是设计师通过对文化、科学、技术、生产各种系统要素整体化的联系，心理学、人体工程学、人文科学的相互渗透，技术因素、自然因素、人和社会因素的综合体现出的一种设计文化整合。这种整合过程便是根据审美主体的个性、特点所进行的室内设计过程。通过对室内装饰形态所表现出的客观实在的“景”来唤起人们的愉悦之“情”，这个情景交融的过程就是室内设计意境美的生成过程。

（二）室内设计的艺术思维过程

在思维过程中，通常分为抽象思维、形象思维和灵感思维，而形象思维呢？不是线型的，不是流水线加工的，而是多路网络加工的。

艺术思维是形象思维的最高层次，从有意识地选取独特的视角来审视被描绘的事物直到艺术表现，产生出有审美意味的艺术作品，一步一步地设计出具有美感意蕴的室内空间环境。

室内设计装饰内容的艺术思维是上一阶段思维过程的延伸。一个设计的主题定位可以产生不同概念的具体内容，将它们集合起来汇聚到整体的答案中去，其具体内容为室内空间占据、功能区分音与光影等等。

室内设计的技术性艺术思维是受技术工艺限制的实用艺术学科，要满足其生理与心理上的审美体验，如材料的性能参数、比例的分隔、结构的稳固。科学的思维是否会限制住艺术的思维呢？不会。室内设计就是要在有限的空间和技术制约下，这一阶段的艺术思维过程契合了科学思维的部分过程，它们始终被一条主线所贯穿着，都要通过对室内设计的现象与本质进行双重加工，从情感形式上体验到室内设计的整体美感。

第二节　室内设计的风格分类

一、传统风格

（一）中式风格

1. 风格起源

中式室内设计在隋唐时代开始发展，使建筑形态基本上保持了隋唐时代以来的一贯特征。居住讲究“静”和“净”，虽然西方的工业革命带来了材料和制造工艺上的飞跃，中式风格的核心、品质始终没有变化。因此，我们应该发掘中国室内设计文化的精华，使它延续到我们的现代生活中来。

2. 设计手法与装饰元素

中国古代建筑的中式建筑以木材作为主要建筑材料。现在看来，木材导热性较低，有利于营造“冬暖夏凉”的居室，因而适合做建筑材料。中国古代与西方古代建筑相比，体现的是木结构之美，柱与柱之间造墙就构成了房屋的内部空间。

中式风格室内多采用对称式的布局方式，以木构架形式为主，造型简朴优美，色彩浓重娴熟，常用隔扇、屏风来分割空间。中国传统的民居，柱式简洁圆浑，色泽清丽，墙壁大都采用建筑材料的原色，建筑或木料一般会上漆并绘上丹青彩画，下半部则以绛红色为主。一般民居居室不做吊顶，中式传统家居的墙面、地面大多用木地板或石材、地砖、地毯。

中式的门窗对确定室内整体风格很重要。现代中式居室大多改装了铝合金窗或塑钢窗，开窗的一面墙做成一排假窗，很有古今相通的意念。横批和门扇统称格扇，以菱花方格、六角、八角等几何形态为多见。在色调上，色彩讲究对比。中式装饰材料以木质为主，造型典雅，多采用酸枝木或大叶檀木等高档硬木，经过精雕细刻，往往每件作品都有一段精彩的故事，对未来产生一种美好的向往。中国传统建筑中宫廷、寺庙一类建筑色彩比较鲜艳，室内梁柱上半有的用蓝、绿色调，下半多用红色，民居建筑常用栗、黑、红、黄等传统色彩营造室内气氛。在江南水乡的民居中，则通常会出现由黛瓦、白墙、灰砖组成的一幅幅优美、秀丽、淡雅的中国水墨画卷。

3. 家具与陈设

（1）家具

最能体现中国传统家居文化的当数明清古典家具了，现已被赋予了“古玩艺术”的概念，外观线条圆润，整体造型简练，格调端庄典雅，家中有古典家具就好比放了百年陈酿的美酒。明式家具以线为主，在跨度较大的局部之间。用材也很广泛，有珐琅、螺钿、竹、牙、玉、石等，有紫檀、花梨、鸡翅木、铁力木、红木、乌木、楠木等。

对现代家庭来说，还要有点怀旧的氛围。在这里，中式古典家具的数量不能太多，比如，在会客厅内放置一款做工精致、图案精美的花架与茶几就可以形成一个极具中国味的用餐区，淳朴、沉稳的感觉会油然而生。

（2）陈设

中国传统室内陈设讲究对称与层次，注重文脉意蕴，引来满室书香，以追求一种修身养性的生活境界。观芝兰之风雅，使身心得到艺术的陶冶，这种陈设格局是中国传统文化和国人生活修养的集中体现。

（二）和式风格

1. 风格起源

16 世纪中叶，佛教自中国传入日本后，日本的建筑在寺庙的布局与形式上仿照中国模式，公元 8 世纪以后，在中国唐代建筑特征的基础上开始向日本风格过渡，采用歇山顶、深挑檐等，外观轻快洒脱，形成了较为成熟的日本和式建筑。

2. 设计手法与装饰元素

和式风格的空间造型极为简洁，而且在空间划分中摒弃曲线，另一特点是屋、院通透，注重利用回廊、挑檐，和式风格采用木质结构，其空间意识非常强，日本是个岛国，空间通透林资源十分丰富，这对日本人的色彩感觉和审美情趣都带来了深刻的影响。地位高一点的日本人，墙面一般是白色粉刷，使室内空间呈现出素淡、典雅、华贵的特色。墙壁饰面材料一般采用浅色素面暗纹壁纸饰面，有用手绘的福司玛，也称浮世绘，布面有手工绘制的图案，障子纸是日本传统工艺制作的专用线面，两面采用木纤维制成，可营造一种朦胧的环境氛围。

3. 家具与陈设

日本森林覆盖率很高，本土出产山毛榉、桦木、柏木、杉木、松木等，家具主要是榻榻米、床榻、矮几、矮柜、书柜、壁龛、暖炉台等，线条简洁、工艺精致。暖炉台是另一种日本特色家具，台上面盖上毯子，大家可以一起将脚伸进台下取暖，冬天作暖炉用，不过现在炭火已渐渐被电热毯取代。另外，明晰的线条、纯净的壁画、卷轴字画是日本传统的文化韵味与特点。室内悬挂宫灯，用伞作造景，格调简朴而高雅。

（三）意式古典风格

1. 风格起源

意大利是西方文明的摇篮，它在建筑技术、规模和类型以及建筑艺术手法上都有很大的发展，体现一种秩序、一种规律、一种统一的空间概念。意式古典风格的主要特征为厚实的墙壁、轻快的敞廊、逐层跳出的门框装饰、大量使用砖石材料等融于一室，使其具有强烈的透视感和雕塑感。

2. 设计手法与装饰元素

伴随着频繁的政权更替和文艺思潮的演进，雄伟的柱式、轻快的敞廊使意大利建筑展示出华美的风情。意大利建筑在细节的处理上特别细腻精巧，保持罗马建筑特色，意大利古典风格的柱式主要有罗马多立克式、科林斯式及其后发展创造的罗马混合柱式，即券柱式构图，两柱之间是一个券洞，形成一种券与柱大胆结合，极富味趣的装饰性柱式。

意式古典风格的纹饰主要包括山形墙、涡卷，突出凹凸感。灯饰设计选择具有西方风情的造型，房间可采用反射式灯光照明或局部灯光照明。选择的窗帘需要具有质感，这一类窗帘还会用到一些配件，比如装饰性很强的窗幔以及精致的流苏，体现出大方、大气与华丽之美。

3. 家具与陈设

意大利古典家具主要是青铜家具和大理石家具，木家具开始使用格角榫木框镶板结构，彰显富贵豪华，特置有床头榻（美人榻），整体风格十分协调。意式家具中劣质的古典风格家具，特别是表现古典风格的一些典型细节如弧形或者涡状装饰等，都显得拙俗。

（四）经典建筑

罗马圣彼得大教堂——意式古典风格范例，建于 1626 年，它是罗马基督教的中心教堂、欧洲天主教徒的朝圣地，大教堂的外观宏伟、壮丽，以中线为轴两边对称，平日里阳台的门关着，为前来的教徒祝福。

走进大教堂先经过一个走廊，从左到右长长的走廊的拱顶上有很多人物雕像。再通过一道门，殿堂内有高大的石柱和墙壁、拱形的殿顶，彩色大理石铺成的地面光亮照人。整个殿堂的内部呈十字架的形状，中心点的地下是圣彼得的陵墓，华盖的上方是教堂顶部的圆弯，其直径为42m，一束阳光从圆弯照进殿堂，给幽暗的教堂增添了一种神秘的色彩，那圆弯仿佛是通向天堂的大门。

教堂前面是能容纳30万人的圣彼得广场，由284根高大的塔斯干圆石柱支撑着长廊的顶，雕像人物栩栩如生，所有走进圣彼得广场的人无不为这宏大的场面而震撼。

二、现代风格

（一）现代主义建筑风格

1. 风格起源

19世纪中叶，欧美各国掀起了工业革命，设计界出现了一股强大的带有鲜明理性主义色彩的现代主义建筑思潮。现代建筑应同工业化社会相适应，主张坚决摆脱过时的建筑样式的束缚，主张发展新的建筑美学，创造建筑新风格。

2. 建筑理念与表现手法

现代主义建筑的代表人物提倡新的建筑美学原则，简洁的处理手法和纯净的体形。在20世纪二三十年代，有一些相近的形式特征，现代主义建筑以简洁的造型和线条，以国际流行的色调和非对称的手法，竖线条的色彩分割和纯粹抽象的集合风格，波浪形态的建筑布局高低跌宕，强调时代感是它最大的特点。

3. 经典建筑

包豪斯校舍，这是世界上第一所完全为发展建筑教学而建立的设计学院。主要由教学楼、生活用房和学生宿舍三部分组成。从建筑物的实用功能出发，利用钢筋、钢筋混凝土和玻璃等以突出材料的本色美，使空间形象显得清新活泼、生动多样。该校舍崭新的形式被认为是现代建筑中具有里程碑意义的典范作品。

（二）北欧风格

1. 风格起源

北欧风格又叫简约风格，是指欧洲北部五国挪威、丹麦、瑞典、芬兰和冰岛的室内设计风格。这些国家靠近北极，自然资源丰富。北欧的设计师们从优美的大自然中汲取灵感，比如在建筑方面，让想象和创造融入自然的生长中。北欧风格大体来说有两种，一是充满现代造型线条的现代式，另一种则是自然式。丹麦的设计师凯·保杰森曾说："让线条带有一丝微笑"，道出了北欧家具人情味的真谛。

2. 设计手法与装饰元素

北欧风格是现代主义风格中的一种表现，它少了繁杂，多了纯净；少了华丽，多了简洁。现代主义风格使我们的家更适合居住，具有更多的功能性。住宅内应该能满足日常生活的需要，还要提供宽阔视野，让室内充满自然的光线。大的落地窗成为现代主义风格的体现，在一些不便设计窗户的地方，通过滤色或加色创造一种有趣的光线效果。室内就只需要最简单的家具，减少了使人分心的事物，细细地品味房屋原有的建筑风采。

北欧的建筑都以尖顶、坡顶为主，在室内空间上，这种风格应用在平顶的楼房中，有利于室内保温。因此，在北欧的室内装饰风格中，木材占有很重要的地位，有很独特的装饰效果。北欧地区由于地处北极圈附近，气候非常寒冷，有些地方还会出现长达半年之久的"极夜"。随着生活水平的提高，在20世纪初，北欧人也开始尝试使用浅色调来装饰房间，创造出舒适的居住氛围。黑白色在室内设计中属于"万能色"，可以在任何场合同任何色彩相搭配。

3. 家具与陈设

传统的北欧家具以枫木、橡木、云杉、松木、白桦等为主要材质，展现出一种朴素、清新的自然之美，材质上精挑细选，工艺上尽善尽美，体现现代、实用、精美的设计风格。北欧人强调简单结构与舒适功能的完美结合，注重从人体结构出发，使其与人体协调，又要注重环保需要。使用不同规格的人造板材构造出千变万化的款式和造型，向消费者传达美感。

（三）前卫风格

1. 风格起源

随着20世纪“80后、90后”一代年轻人的逐渐成熟，一种比简约更加凸显自我、张扬个性的个人风格主题“万物皆为我用，万物皆为我生”的个人情感应运而生。大胆鲜明、对比强烈的色彩布置无不让人在冷峻中寻求到一种超现实的平衡，成为生活方式单一的最有力的抨击。

2. 设计手法与装饰元素

前卫风格在设计中尽量使用新型材料和工艺做法，常常采用夸张、变形、断裂、折射、扭曲等手法，运用抽象的图案及波形曲线、曲面和直线、平面的组合。采用完全土木或钢木结合，只稍做加工，色彩运用大胆豪放或浓重艳丽，同时强调塑造奇特的灯光效果。

3. 家具与陈设

前卫风格强调个人的个性和喜好，室内实现设备现代化，使家居更具现代气息。强烈色彩与不同材质的对比是对时尚的追逐。功能上在使用舒适的基础上体现个性，运用现代绘画或雕塑来烘托超现实主义的室内环境气氛。

（四）自然风格

1. 风格起源

自然风格是目前风头十足的设计风格，绿色是心灵最愉悦的慰藉。对于奔波于快节奏的工作场所和狭窄的蜗居之间的人们，回归自然的风尚无疑能帮助他们减轻压力，迎合他们亲近自然的生活需求。

2. 设计手法与装饰元素

崇尚自然风格，注重表现天然木、石、藤、竹等材质质朴的纹理，创造自然、简朴、高雅的居家氛围，局部墙面用粗犷的毛石或大理石同原木相配，同时让疲劳一天的主人身处居室产生心旷神怡之感，这样的居室使田园风格的家居设计更加“田园化”，使主人不论工作、学习、休息，都能心宁气定、悠然自得，给人自然、简朴、高雅的感觉。除了原木家具之外，再加上绿色植物的点缀，体现出一种自然随意的生活态度以及环境与人的亲近关系。

第三节　21 世纪的室内设计

室内设计发展到今天，呈现出一种崭新的状态，但这样的设计是否具有可持续性值得我们进一步思考。我们现在所面临的环境和文化危机等都是由过去的发展模式造成的。

21 世纪的室内设计需要我们进一步思考和探索，面对落后的设计观念和技术，还有很多课题有待研究。

回溯以往，人们肆无忌惮地向大自然索取，中国各大城市环境质量不禁让人担忧，人类的建造活动恰恰是造成这种状况的主要原因之一，在问题逐渐暴露以及人类自我反省下，还必须顾及自然环境的保护。

21 世纪的室内设计需要面对自然生态和文化环境的保护问题，要注意人与环境的协调和环境中历史文化的延续，使人类生活的环境更美好。

一、室内设计生态化

人类社会发展到今天，林立的高楼形成一道道人工悬崖和峡谷。失去理智的城市扩张和无序的城市化进程带来更多的问题，回归自然成了我们现代人的追求，在人类生存的空间中进行自然景观的再创造，使人们在生存空间中最大限度地接近自然成为可能。

室内生态设计的基本思想是以人为本，保持地球生态环境的平衡。将生态思想引入室内设计可使室内设计走向更高层次和境界。生态环保技术和工艺为实现室内生态设计提供了技术手段。根据人们物质和精神生活需要，利用室内绿化装饰，配以室内观叶植物等观赏材料，对室内进行美化装饰，使室内、室外和动、静融为一体。设计中有效地利用自然通风、采光，提高舒适度。遵循美的法则，采用人工生态美创造室内设计，获得良好生态效果。采用生态环保型装修材料实现清洁生产和产品生态化。

人是自然生态系统的有机组成部分，人具有进行个人、家庭、社会的交往活动的社会属性，自然环境是人类生存环境必不可少的组成部分，例如办公空间的设计中，应一改过去办公室的枯燥、毫无生气的氛围，根据行走路线、工作流程、工作关系等自由布置办公家具，改变传统的拘谨形式，营造出更加融洽、轻松、友好、互助的氛围，促进人际沟通和信息交流，使办公室洋溢着一股活力。另外，绿色材料会逐步取代传统建材而成为建筑材料市场的主流，又能提高生活品质，保证人们健康、安全地生活，使经济效益、社会效益和环境效益达到高度的统一。

室内设计中，需要我们付出努力来配合建筑师完成建筑环境整体设计。室内设计新的发展趋势主要集中在通过高质量的设备、材料、构造和构件之间的全面协调与平衡，尽可能多地利用可再生资源，接近自然。生态引入室内设计提供新的思考点，开辟新的创造领域。设计师要在技术体系和美学思想方面投入更多精力。室内生态化设计必将成为主流。

二、室内设计科技化

进入 20 世纪 80 年代后，电子技术的发展为室内设计科技化与智能化提供了可能和机遇。20 世纪 80 年代末期至 90 年代中期，网络信息技术增强了其互联性。现代社会里，室内设计更加向科技与智能化方向迈进，智能家居的出现就是此技术的应用与进步，在中国已得到迅速发展。智能化水平的提高与网络技术的发展与普及紧密联系。通过网络技术，可以便利地控制智能家居系统，物联网技术的应用使智能家居的发展迈向新台阶，将会给人类生活带来质的飞跃。

室内设计的科技化与智能化能够提升人居环境质量，增强人居环境便利性，如远程控制的灯光、窗帘、各类家用电器等，可提高生活便利；提高人居环境舒适度，如实时监测温湿度、污染源指标、光线等；增强人居环境安全性，如全方位监控、感应灯光、人体健康数据监控系统等；合理利用资源，如可以控制温度、湿度、光线等，能够根据自身需求自定义设置数据来调整各项指标。

目前，互联网、物联网等技术快速发展，在未来，室内设计科技含量会越来越高，不仅局限在住宅，甚至会在社区等公共领域打造“智能城市”。

在利用室内设计科技化的同时，更要加强信息安全等防范，互联网以及信息技术是室内科技化的支撑技术，在使用过程中，要注意保护隐私安全。

在一些公司的办公室里，办公座位及其附属的各种设施和设备都在静候着公司的流动工作人员。有些大型公司只为其部分的工作人员保留固定的办公单元，但在将来，公司留在办公室里的员工会越来越少，这些都极大地影响、改变着我们的设计理念。智能化的设计手段和空间已逐渐渗入到我们的工作和生活中。科技的进步将会主宰未来的室内设计。具体而言，科技化主要通过以下几个方面得以实现。

（一）室内设计中计算机、多媒体的全方位应用

随着科技发展，以计算机、自动控制、电子信息等为代表的高科技技术在室内设计中应用广泛，对采光、通风、温度、湿度、绿化等室内环境特性产生影响。现在国内流行的参数化设计则是完全依赖计算机，进行建筑模型的建立，通过数字信息仿真模拟建筑物所具有的真实信息。通过计算机，设计师们可以全方位地把握设计，业主和厂家可及时沟通信息，提高工作效益。

多媒体可以从不同角度满足“看”和“听”的需要，能够满足人类接收信息的需求。多媒体可以将众多方案集中表现，达到样板间的表现效果。多媒体表现需要大量的多媒体素材，包括文本、图像、动画、视频图像和声音等。多媒体技术是利用计算机将多种信息、媒体集成并控制，再进行加工处理，以图片、文字、声音、动画等多种方式输出。多媒体的应用能够向用户展现视听功能，已成为接收信息和表现视觉信息的媒介。

（二）新型建筑技术的广泛应用

室内设计的发展要依赖技术，当代中国的室内设计及其建造技术依然停留在较为传统的方式上。当然，过分地强调技术，那就是舍本逐末了。要全面地看待技术在营造中的作用，因地制宜地确立技术和科学在室内设计创造中的地位，积极有效地推进技术发展，以期获得最大的经济效益、社会效益和环境效益。

计算机和网络的使用可以加快信息交流，便于设计师、业主、厂家之间的相互沟通，大大地降低信息传递的误差。

我们现有的施工技术已不适应当今社会的发展。简而言之，就是要具有能够适应本国本地条件，发挥最大效益的多种技术。适用技术应理解为既包括先进技术，以及稍加改进的传统技术。运用、消化、转化、推动国内室内设计技术和实施技术的进步，既要防止片面强凋先进技术而忽略传统技术，又要避免不全面的研究和探索以及过分地依赖传统技术。

三、室内设计本土化

20 世纪 80 年代以来，超前的冲动弥漫于整个社会。人们向往科学、丰裕、文明和工业化。许多发展中国家的人们照搬西方的生活方式，这已从 20

世纪 90 年代东南亚的经济危机得到证实。然而，在经过徘徊和失落之后，考虑自身的发展，重新开始用理性的眼光去寻求那被久久淡忘的传统文化，现代化应该是传统文化基础上的现代化。

本土文化的地区主义创作思想起源甚早，但在当时并没有引起人们的注意。有些从事地区主义创作的设计师也重新引起人们的重视。曾几何时，不论是在建筑设计领域，还是在室内设计领域，这两个问题都在逐渐淡化，这种淡化有其客观原因。急功近利地满足市场需要的现状在我国当前设计领域中表现尤为明显。室内环境是一种具有使用之目的性和艺术之欣赏性的具体的客观存在，这些自然的和社会的要素形成独具特质的乡土建筑文化。

文化交流的探索不是由一代人、两代人能够完成的，社会是不断发展的，该种探索很早就开始了，不过从来没有像现在这样引起人们的重视。对照自然和工艺，以自身的设计实践证明了区域特色的追求与现代化并不相悖，不仅具有地方特色，而且具有时代感。

阿尔托·柯里亚强调建筑空间形态的设计必须尊重当地的气候条件，他创作了大量具有印度传统色彩的作品。法塞对乡土建筑文化的发展作出了巨大的贡献，他致力于住宅建设工作，训练当地的社区成员，建造适合自己的居住环境。正是由于他对贫困人居住建筑的重要贡献，1983 年，他得到国际建筑师协会（U.I.A）金质奖。像阿尔托·柯里亚、法塞这样的设计师有许多，他们为我们探索建筑设计和室内设计的民族化和地方化提供了很多宝贵的经验。

第五章
室内设计的基本原理和应用技术

第一节　室内空间的组成以及设计程序

一、室内空间的组成

室内空间的所有物体均需通过一定形式才能表现出来，形式来源于人们的形象思维，是根据视觉美感和精神需求而进行的主观创造，是实现全方位的满足客观存在。

（一）关于“形”

1.“形”的主要内容

（1）空间形态。室内空间由实体构件来限定，而界面的组合赋予空间以形态，是具体形象的生动表现，是我们日常生活中存在的物体，容易识别，有生命性和立体感，同时也影响人们在空间中的心理感受和体验。

（2）界面形状。空间的美感和内涵通过界面自身形状表现出来。墙面、地面等对室内环境塑造具有重要影响。因此，非常有必要对这些实体要素进行再创造和设计。

（3）内含物造型及其组合形式。室内的家具、灯具等内含物，是室内环境中的又一大实体，是室内“形”的重要组成部分。可以美化室内环境，增加艺术氛围。

（4）装饰图案。这里装饰图案是墙面上的壁画、地面铺地的图案、家具上的花纹装饰等，是具体形象的高度概括，难以识别，图形简洁、抽象化、平面化，这些装饰的图案形式也或多或少地参与室内“形”的构成。

2.“形”的基本要素

研究室内环境的“形”，包括实体的造型还有它们之间的关系，都可将其抽象为点、线、面的构成。室内点、线、面的区分是相对而言的，宽度、长度比例的变化可形成“面”和“线”的转换，从视野及其相互关系的角度决定其在空间中的构成关系。

3.“形”的表现形式

形即形状，以点、线、面、体等几种基本形式表现，给人带来不同的视觉感受。①点：足够小的空间尺度，占据主要位置，可以以小压多、画龙点睛。②线：点移动而形成，人的视线足够远且物体本身长：宽≥10：1时，就可视为线，用线来划分空间，形成构图。③面：线的移动产生面，面在室内空间中应用频率很高，如顶面、地面、隔断、陈设等。④体：通常与“量”“块”等概念相联系，也是面移动后形成的体。

（二）关于光

光是室内设计的基本构成要素，对光的运用和处理要认真加以考虑。

1. 光源类型

光分为自然光和人造光。人造光能对形与色起修饰作用，能使简单的造型丰富起来。光的强弱虚实会改变空间的尺度感，对空间中照明方式进行合理设计能使人感到开敞明亮。

2. 照明方式

整体照明。可以直接照明也可以是间接照明。对于整体照明来说，为空间中如进餐、阅读等区域所提供的照明，使空间在视觉上变大，属强调或装饰性照明，重点突出照明对象，使其得以充分展现。

3. 照明的艺术效果

营造气氛，如办公室中亮度较强的白炽灯，现代感强。例如粉红色、浅黄色的暖色灯光，增加柔和温馨的气氛，加强空间感。明亮的室内空间显得开敞，昏暗的房间则显得较小。照明可以突出室内重点部分，从而强化主题，并使空间丰富而有生气。通过各种照明装置和一定的照明布置方式丰富室内空间，例如，利用光影形成光圈、光环、光带等不同的造型，将人们的视线引导到某个室内物体上。

（三）关于色

色彩不仅可以表现美感，还对人的生理和心理感受具有明显的影响。因此，通过适当的色彩配置，比如明度高的色彩显得活泼而热烈，彩度高的色彩张扬而奢华。

色彩的高明度、高彩度和暖色相使空间显得充实，而单纯统一的室内色彩则对空间有放大作用。色彩具有重量感，彩度高的色彩较轻，彩度低的色彩较重，相同明度和彩度的暖色相对冷色较轻。

二、室内空间的设计程序

室内设计按照工程的进度大体可以分为三个部分，即概念及方案设计阶段、施工阶段、竣工验收阶段。一般情况下，概念及方案阶段是确定方案及绘制施工图的阶段，这个阶段与使用者反复讨论和修改，进行方案的最终确定；施工阶段，按照施工图的相关信息对室内设计理念进行表达的过程，运用技术实现设计意向；竣工验收，将施工的结果进行验收，根据验收的结果绘制竣工图纸，进行备案。三个阶段是按照顺序进行，相互联系，在概念及方案设计阶段进行准确定位以后，能够顺利地指导施工。有效的施工能够保证设计方案的真实表现。

（一）概念及方案设计阶段

1. 概念设计

概念设计是根据业主的要求进行的效果最优化设计，设计可能比较夸张，效果鲜明，设计理念往往比较先进，对实际施工过程的工艺及成本考虑相对较少。

概念设计是实现业主想法的设计过程，通过概念设计建立业主对设计区域的最初认识，形成业主与设计者之间的沟通。

2. 方案设计

方案设计阶段是针对概念设计确定的效果进行更加实际的精细化设计。在方案设计阶段需要将成本及工艺等内容融合在设计的范畴之内，进行比较和综合思考。方案设计阶段需要与业主进行多次沟通，在沟通的过程中寻求性价比较高，设计效果最能贴近概念设计的方案。方案经过确认后绘制施工图，施工图要求能够比较全面地说明设计的做法和相应的材质使用等问题，能够准确地指导施工，实现设计成果。

（二）施工图设计阶段

施工阶段是指按照施工图纸实现设计理念的过程。没有准确的施工，再好的设计方案也难以实现。施工阶段是方案阶段的延续，也是更具体的工作过程。

施工进场第一项是根据施工图的内容确定需要改造的墙体，对需要改造墙体的尺寸、界限、形式进行标示。在业主书面确定的情况下，以土建方士1米标高线上，上返50毫米作为装饰 ±1 米标高线，并以此为依据确定吊顶标高控制线。确定吊顶、空调出回风口、检修孔的位置。施工进场前需要依据施工图的重要内容进行确认和对照，施工人员和设计人员对图纸中不明确的地方进行敲定。

硬装工程指在现场施工中，瓷砖铺贴、天花造型等硬性装修，这些是不能进行搬迁和移位的工程。这些硬装工程是整个室内设计中主要使用界面的处理过程，需要大量的人力和工时，是室内设计施工过程中的重要环节。根据硬装工程的工序进行施工程序的划分。

先根据龙骨位置进行预排线，定丝杆固定点，安装主龙骨，进行调平，然后安装次龙骨。根据轻钢龙骨的专项施工工艺进行精确的制定与安装。

石膏板、瓷砖等装饰材料在进行安装前，需要进行定样，然后材料进场进行施工。小样的确认能便于甲方和施工方的沟通，保证整体设计的效果。石膏板吊顶进行封板需要从中心向四周进行固顶封板，双层板需要进行错缝封板，防止开裂。转角处采用“7”字形封板。轻钢龙骨隔墙根据放线位置进行龙骨固定，封内侧石膏板，用岩棉作为填充材料。

样板间中的木质材料如细木工板、密度板应涂刷防腐剂、防火涂料三遍。公共建筑的室内装修基材需要采用轻钢龙骨，以满足防火要求。

瓷砖需从统一批号、同一厂家进货，根据施工图将瓷砖进行墙面、地面的排布，确认无误后订货。

地面需要用 1:2.5 的水泥砂浆进行找平，并注意找平层初凝后的保护。由于地面重新找平，地面上第一次放线后线被覆盖，需要进行第二次放线。

涂饰工程施工前需要涂饰工做准备工作，涂料饰面类应用防锈腻子填补钉眼，吊顶、墙面先用胶带填补缝隙，先做吊顶、墙面的阴阳角，然后大面积地批腻子；粘贴类应在粘贴前四天刷清漆，在窗框、门框等处贴保护膜，防止交叉污染。

湿作业应在木饰面安装前完成，注意不同材质的交接处，条文及图案类墙纸需要注意墙体垂直度及平整度的控制。工程中应注意各工种的交接与程序，避免对成品的破坏，注意成品的保护。

瓷砖铺贴应注意砖面层的保护，地面瓷砖用硬卡纸保护，墙面用塑料薄膜保护。地砖需进行对缝拼贴，从中心向四周进行铺设，或中心线对齐铺设，特别是地面带拼花的地面砖，要控制拼花的大小及范围。

木饰面安装一般都在工厂进行裁切，到场进行安装。组装完成后注意细节的修补，并进行成品保护。

地板铺贴应先检查基层平整度，然后弹线定位，进行铺贴。铺贴地板后及时进行成品保护。

墙体粘贴需提前三天涂刷清漆，铺贴前需将墙面湿润，根据现场尺寸进行墙纸裁切。

硬包应预排包覆板，于安装后进行成品保护。

玻璃一般情况下由工厂生产，到场后安装，然后进行打胶、调试。

马桶及洁具、浴盆的安装需要按照放线进行对位。安装工程还包括灯具安装、五金件安装、大理石安装、花格板安装及控制面板安装。

（三）竣工验收阶段

竣工验收阶段需要对细节进行检查，及时对工程中的遗漏进行修补，进行施工验收准备以及清理。

验收环节包括水电、空调管线在吊顶安装前是否完成隐蔽工程的调试，工程收口处的处理是否整齐，瓷砖铺贴对缝是否平直，墙纸对缝图案是否完整，五金件、门阻尼、插口是否使用方便。

验收合格后要及时绘制竣工图纸，对实际发生的装饰装修工程进行说明，并通过竣工图纸进行表述。竣工图纸要进行相应的备案，便于日后维修进行查阅。

第二节　室内设计的材料构造与采光照明

一、室内设计的材料构造

（一）室内设计材料

材料的力学性能和机械性能表现为材料的强度、弹性和塑性、冲击的韧性与脆性以及材料的强度和耐磨性。

材料的强度是指材料对抗外力的能力，材料在外力的作用下会产生变形，之后能够恢复至原来的形状称之为弹性。钢材和木材都具有一定的弹性，使用标准是能够承受较大变形而不会被破坏。遭冲击变形而被破坏的性能称为脆性。硬度为材料局部抵抗硬物压入其表面的能力。耐磨性是材料抵抗磨损的能力，在地面材质的应用中耐磨性能尤为重要。

根据材料类别不同，将材料分为木材、板材、石材、玻璃、金属等几大类。

1. 木材

木材在室内设计中经常使用，除了木材自身色彩和花纹装饰效果好之外，木材易于加工、取材方便的特点也使木材成为室内装饰中的重要材料。木材的种类很多，特别是一些有特殊纹理的木材。对于不同的空间可以选择不同的木材。

2. 板材

板材常用规格为长 2.44 米，宽 1.22 米。常用厚度：3 毫米、5 毫米、6 毫米、9 毫米、12 毫米、15 毫米、16 毫米、18 毫米、25 毫米。市场上比较常见的板材有细木工板、密度板、刨花板、集成材、实木颗粒板和多层实木板。为了装饰外表面，还有防火板等板材形式。

3. 石材

在室内设计中，经常使用的石材有大理石、花岗石和人造石材。

4. 玻璃

常用玻璃根据使用特点分为平板玻璃、装饰玻璃和特种玻璃三大类。

5. 瓷砖

瓷砖按照其制作工艺及特色可分为釉面砖、通体砖、抛光砖、玻化砖及马赛克。不同特色的瓷砖有各自的用途和特点，根据功能需要和风格的要求进行选择和使用。

（二）室内设计构造

室内设计中，构造节点主要包括天花的构造、墙面的构造、楼地面的构造以及细部的构造四个方面。由于室内设计施工工艺及使用材料比较多样，相对于建筑设计，室内设计中的构造节点较多，构造节点位置不同，所采用的处理形式也有所不同，在实际应用中构造形式灵活性较强，工艺更新速度较快。

1. 天花的构造

天花根据构造形式主要分为直接式天花和悬吊式天花，直接式天花是指在屋面或楼面的结构底部直接进行处理的天花，天花构造比较简单。悬吊式天花是通过吊筋、龙骨等进行悬吊来塑造天花的形式。天花造型比较复杂，装饰效果好，适用范围比较广泛，在公共空间中和高档居住空间中都可以应用。

2. 墙面的构造

墙面装饰从构造的角度可以分为抹灰类、粘贴类、钩挂类、贴板类、裱糊类、喷涂类六大类。每一类在基层与找平层的处理上均有很大的相似之处，在面层和结合层的处理上存在各自的特点。

3. 楼地面的构造

楼地面一般由基层、垫层和面层三部分组成。地面基层多为素土或加入石灰、碎砖的夯实土，面层又可以称为表层，即承受各种物理和化学作用的表面层，根据面层的不同，可以将楼地面大致分为陶瓷类地面、石祠类地面、木质地面、塑胶类地面等楼地面。

4. 细部的构造

室内设计除了天花、墙面和地面之外，其他部位的构件比较多，隔墙、隔断、楼梯栏杆与扶手以及家具台柜等都是室内细部的重要组成部分。

二、室内设计的采光照明

光在物理学中是电磁波的一部分，是一种能的特殊形式，而不可见光如长于 780 纳米的红外线和短于 380 纳米的紫外线，则不能被肉眼直接感受。人们在认识世界时，80% 的信息量来源于视觉，没有光就无法感知外界物体的形状、大小、明暗、色彩、空间和环境。

（一）常用光源的种类

1. 自然采光

自然光是由直射地面的阳光和天空光组成。自然采光节约能源，贴近自然，使人在视觉上、心理上感觉更为舒适和习惯。从设计的角度来看，采光部位和采光口的面积大小和布置形式将影响室内采光效果。

2. 人工光源

在照明设计中，光源根据发光的原理不同，可以大致分成三种方式：热辐射发光、气体放电发光、电致发光。

（1）热辐射光源

利用电流将物体加热至白炽状态而发光的光源，主要有白炽灯、卤钨灯。

（2）气体放电发光

这类光源主要利用气体放电发光，根据光源中气体的压力，又可分为低压放电光源和高压放电光源。前者主要有荧光灯和低压钠灯，后者主要有金属卤化物灯和高压钠灯。

（3）电致发光

是将电能直接转换为光能的发光现象，主要指 LED 光源和激光。

（二）室内常用的人工光源

1. 白炽灯

最普通的灯具类型。光色偏橙，显色性好，色温低，发光效率较低，使用寿命较短，装卸方便，是居住空间、公共空间照明的主要光源。

2. 卤钨灯

卤钨灯属于热辐射光源，利用卤钨循环的原理提高光效和延长使用寿命，广泛应用于大面积照明和定向照明的场所，如展厅、广场、商店橱窗照明、影视照明等。

3. 荧光灯

荧光灯是一种低压放电光源，管壁涂有荧光物质，常用的 T8 型荧光灯瓦数主要有 18 瓦、30 瓦、36 瓦几种。瓦数越大的荧光管，长度越长。一般 T8 型荧光管的平均寿命为 6000 小时左右。

4. 紧凑型荧光灯

紧凑型荧光灯又称为节能灯。自问世以来，就以其光效高、无频闪、无噪声、节约电能、小巧轻便等优点受到青睐。

5. 钠灯

钠灯是利用钠蒸气放电发光的气体放电灯，钠灯的光色呈橙黄色，适用于工业照明、仓库照明、街道照明、泛光照明、安全照明等。

6. 发光二极管

简称 LED，它具有体积小、功率低、高亮低热、环保、使用寿命长等特点。发光二极管已被广泛地应用于装饰、商业空间照明以及建筑照明等。

（三）室内常用的照明灯具类型

室内照明灯具按其安装方式，一般分为固定式灯具和可移动灯具。

1. 固定式灯具

固定式灯具也称嵌入式灯具，是将灯具主要部分隐蔽于承载面之内，主要包括嵌入式筒灯、嵌入式射灯、格栅灯、建筑化照明等。

2. 可移动灯具

可移动灯具主要是指台灯和落地灯，普遍用于局部照明。移动灯具灵活性强，可以适应各类空间环境的布灯需要。

（四）室内照明环境设计

生活中，人的工作、学习、休闲、休息等行为都是在室内空间完成的，而室内灯光能否满足空间使用要求，能否营造舒适环境都直接影响着室内空间的环境质量。进行室内照明设计时，应根据室内空间的使用功能选择不同的布光方式。

室内照明的首要目的是在充分利用自然光的基础上，运用现代人工照明的手段为空间提供适宜的照度，以便于人们正确识别所处环境的状况。其次是通过对建筑环境的分析，结合室内装饰设计的要求，选择光源和灯具，利用灯光创造满足人生理与心理需求的室内空间环境。

（五）影响室内光环境质量的因素

在照明设计时，只有正确处理好以上各要素，才能获得理想的、高质量的照明效果。

1. 照度

照度水平是作为衡量照明质量最基本的技术指标之一，给人带来不同的视觉感受，合理的照度分配显得尤为重要。首先要确定照度与视力的关系，照度太高容易导致人过于兴奋；其次要考虑被观察物的大小尺寸以及被观察物与其背景亮度的对比程度。

2. 照度的均匀度

室内照度的分布中均匀度是很重要的，《民用建筑照明设计标准GBJ133-90》中规定：工作区域内的照度的均匀度不应小于0.7。因此，室内空间中灯具的排列形式和光源照度的分配尤为重要。

3. 亮度分布

光源亮度的合理分布是创造室内良好光照环境的关键，会引起视觉疲劳，又使室内光环境缺少变化。相近环境的亮度应当尽可能低于被观察物的亮度，使视觉清晰度较好。

4. 光色

光色是指光源的颜色，生活中一般接触到的光色为2700～6500K，高色温呈现冷色，色温不宜高于4000K，例如在办公空间、教室、医疗空间中适宜用冷色光源，商业空间适宜采用暖色光源，以创造热情的气氛。

5. 显色性

显色性就是指不同光源照射在同一颜色的物体上时，物体表面色除了源自物体表面特征外，不同光源可使物体表面呈现不同颜色。

6. 眩光

眩光通常分为直接眩光和反射眩光，可选用磨砂玻璃或乳白色玻璃的灯具，可在灯具上做遮光罩，灯具数量越多，越容易造成眩光。应选择合适高度来安置灯具，布光时适当提高环境亮度或减小亮度对比。

7. 光与影

被照物在光线的作用下会产生明暗变化，可以通过以中低照度的漫射暖光作为环境照明，再以适合角度和照度的射灯来形成清楚的轮廓和明确的阴影关系，主要用来突出实体的形态和质感。当灯光的光强、照射距离、位置和方向等因素不同时，光影效果产生变化，物体就会呈现出明确与隐晦、清晰与暗淡、雄壮与平淡等不同形体特征。借助灯光的作用，界面装饰造型的体积感得以加强，形成优美的光影效果。

（六）照明与空间设计的完美结合

室内设计是通过其涉及的一切门类和分项工作的共同作用实现对室内空间的调整与完善。在这些分项工作中，空间设计与照明设计具有“形”与“神”的关系。

1. 主次分明

室内空间有主有次，为凸显主要空间的主导地位，在照明的组织方式、灯具的配光效果等方面应做到主次分明，主要空间可丰富，次要空间照明设计在处理度上要适当降低，形成光环境的主次差别，但要遵循与主要空间统一的原则，不可以相差甚远。

2. 满足空间公共性和私密性照度要求

空间照明应与空间使用对象的特征相符合，不同区域的照度按功能进行区别对待，形成满足使用要求又具有节奏感的光环境。提高照度，满足人流集中和流动性强的空间的需求，而适当降低照度可以给人以怡静、舒适的感觉，以满足人们对私密性的需求，例如西餐厅、洽谈区、卧室。

3. 促进空间的流通性

人的活动是具有秩序性的。照明设计不仅要明确功能分区，还要对空间序列和空间中的人的动态分布有所体现。空间流通性的体现手法要视各功能空间或功能区之间的建筑界定方式而定，通常可通过灯具的布置形式、照度变化、光通量分布变化、灯具形势变化、光源色变化等手段来实现空间流通性的打造。

4. 利用灯光效果改善空间的尺度感

小面积的空间，在照明设计时采取均匀布光的形式提供高亮度，使长、宽、高三维方向照度分布得相对平均，有扩展空间尺度的效果。对于低矮顶棚，可采用高照度的处理使得空间的纵向延伸感得到加强。对于走廊，可在墙面进行分段亮化处理，以化解走廊的深邃感。

第三节　室内设计的家具陈设与庭院绿化

一、室内设计的家具陈设

（一）室内设计的家具

家具自产生以来，与人们的生活息息相关。从满足人们居住需求到满足学习、工作、购物、休闲娱乐等需求，都离不开家具，据资料统计，绝大多数人在家具上消磨的时间约占全天2/3，因此，人们对家具的舒适性和艺术性的要求越来越高。同时，家具的风格、形态也影响着室内空间环境效果。家具的造型与合理布置对室内环境效果有着重要影响。

1. 家具的发展演变

（1）中国传统家具演变

中国是历史悠久的文明古国，3500年间，受到外来冲击小，而多民族、复杂的地理环境，也使得这一体系开枝散叶，形成了丰富的家具形态。从商周时期直至明清，中国传统家具的发展大致分为四个阶段。

第一个阶段是商周至三国时期。当时人们以席地跪坐方式为主，因此，家具都很矮，是低矮型家具的盛行时期。

第二个阶段是两晋、南北朝至隋唐时期。由于多民族文化的融合，形成了矮型家具和高型家具并存的局面。从古代书画、器具图案中可以看出，当时已将凳、椅、床、塌等家具尺度加高。五代时，家具在类型上已基本完善。

第三个阶段是宋元时期。由于垂足而坐已成为固定的姿势代替了席地而坐，因此，供垂足坐的高型家具占主导地位并迅速发展，从绘画和出土文物中反映出宋代高型家具已相当普遍，高案、一高桌、高几也相应出现，还出现了专用家具，如琴桌、棋桌等，家具造型轻巧，线脚处理丰富。宋代的燕几具有可以随意组合、变化丰富的特点，元代在宋代基础上有所发展。

第四阶段是明、清时期。经济的发展促进了城市的繁荣，同时也带动了中国传统家具行业的发展，形成东方家具特有的艺术风格。在装饰上，追求多样、饱满，常运用描金、彩绘等手法，显出富丽堂皇的效果。“福”“禄”“寿”“喜”等一些汉字纹都可直接加以引用。

（2）西洋家具

国外的古代家具在发展过程中也经历了一段漫长的过程，这里我们对古代家具、中世纪家具、文艺复兴时期家具、巴洛克式家具、洛可可式家具及近现代家具风格进行简要介绍。

①古代家具

古埃及家具多由直线组成，支撑部位用动物腿形，底部再接以高的木块，使兽脚不直接与地面接触，显得粗壮有力，更具装饰效果。因家具多用木质，因此，在古埃及时已经开始注意家具的保护，如在家具表面做漆饰或用石片镶嵌装饰。

由于受到建筑形式的影响，古希腊家具很多结构造型常采用建筑的柱式，线条不再僵直而成柔美的曲线，多采用精美的油漆涂饰，与古埃及相比显得自由活泼。

古罗马时期尽管木质的家具所剩无几，但仍有一些铜质家具保存下来，呈现出仿木家具的华贵。雕刻内容以人物、植物居多，雕刻精细、华美。折凳在这一时期具有特殊地位，这种座椅腿部成 X 形交叉状并带有植物纹样的雕刻，覆上坐垫，象征着权势。古罗马人善于用织物作为家具的配饰，如可以起到分隔空间作用的帷幔等。

②中世纪家具

随着古罗马分裂，西罗马灭亡，东罗马成为拜占庭帝国。拜占庭帝国继承和发扬了古罗马的文化，同时又受到东西方文化的影响。此时的家具沿袭了古罗马技术，造型框架由古罗马时期的曲线改为直线形。受东方文化影响，出现了用丝绸做家具的衬垫且图案有明显的东方艺术风格。

哥特时期由于宗教建筑盛行，家具的造型及雕刻装饰受到建筑风格的影响很大，大量采用建筑装饰图案，运用尖拱、扶壁以及密集的细柱，其风格庄重、雄伟，象征着权势及威严，极富特色。

③文艺复兴时期家具

文艺复兴原意是对古典艺术的复兴，因此，在这时期，家具的造型、装饰手法受到了古希腊、古罗马时期的影响。早期家具具有纯美的线条、协调的古典式比例和优美的图案，流行以木材为基材进行雕刻装饰并镀金。后期常采用深浮雕、圆雕装饰，偶尔镀金。文艺复兴提倡人文主义精神，强调以人为核心而不是神，因此，宗教色彩在装饰题材上逐渐消失，取而代之的是富有人情味的自然题材。

④巴洛克式家具

如果说文艺复兴时期代表的是理性、端庄、高雅的古典风范，那么巴洛克风格则以浪漫主义为出发点，追求的是热情奔放、富于动感、繁复夸张的新艺术境界，其最大的特点是将富于表现力的细部进行细致刻画，简化不必要的部分，突出家具自身的功能性。大量的曲线、复杂的雕刻、丰富的装饰题材、温馨的色调都是这一时期的特点。

⑤洛可可式家具

18 世纪 30 年代，巴洛克风格逐渐被洛可可风格取代，又称“路易十五风格”。洛可可家具以其功能的舒适性和优美的艺术造型影响欧洲各国。洛可可式家具造型纤细优美，常采用 S 形曲线、涡卷形曲线形式，以贝壳、岩石、植物等为主要装饰题材，装饰手法常见雕刻、镶嵌、油漆、彩饰、镀金。整体体现精致、柔美的女性特点。

⑥新古典主义时期家具

巴洛克风格与洛可可风格发展到后期，逐渐脱离家具的结构理性，重装饰而轻功能。在这样的背景下，以重视功能性、简洁的线条、古朴的装饰为主要特色的新古典主义风格成了新的流行趋势。直线和矩形是这个时期的造型基础，家具腿部线条采用向下收缩的处理手法，并雕有直线凹槽。玫瑰、水果、植物、火炬、竖琴、柱头、人物等都是这一时期常见的装饰元素。新古典主义时期的家具意在复兴古典艺术，不仅仅是仿古或照搬，而是运用现代的手法和材质来还原古典气质。

（3）近现代家具

19 世纪工业革命后，西方率先进入了工业化时期。新材料、新工艺的产生使设计师原有的设计思路发生转变，家具的材料求新、造型求变已经成为当时的设计热潮。从这时期开始，家具存在两种设计思路，一种是以强调手工技能创造新形式的艺术家和工程师相结合的路线，创造出了反对传统风格，追求一种可以表现这一时代的具有简单朴实、乡土气息浓厚的新家具形式，代表人物有威廉・莫里斯、奥托・瓦格纳；另一种是走工业化生产家具的路线，运用新技术将家具简化到无法再简化的程度，最具代表性的是由米夏尔·托奈特设计的14号椅，椅子以配件的形式成套供应，结构合理，价格低廉，为大众所接受，从此开启了现代家具设计的新局面。就是在这两种思潮的推动下先后兴起了“工艺美术运动”“新艺术运动”“风格派”“包豪斯学派”“国际风格派”。

①工艺美术运动

工艺美术运动，19世纪下半叶的一场主张复兴传统手工艺，探索手工艺与工业技术结合的一场运动。这一时期的家具提倡哥特式风格和其他中世纪风格，注重功能，造型简洁，代表人物是威廉·莫里斯，后被人尊为“现代艺术设计之父”。

②新艺术运动

新艺术运动起源于英国的工艺美术运动，倡导完全抛弃各种传统装饰风格，彻底走向自然风格，强调自然中没有直线，因此，在设计中突出曲线和有机形态，这一时期的代表人物是麦金托什。

③风格派

风格派的产生源自绘画中的空间几何构图，并运用到建筑、室内和家具设计中。这一时期的家具设计主要特点是将传统形态完全抛弃，以抽象的元素作为设计的主体，家具的整体形态呈几何结构，以红、黄、蓝三原色为主，黑、白、灰加以调和的色彩体系，这一时期的代表作是吉瑞特·托马斯·里特维德的“红蓝椅”。

④包豪斯学派

德国包豪斯学院的建立奠定了现代设计教育的体系，被人们称为“现代设计的摇篮”。包豪斯派提倡自由创造，反对模仿，主张将手工艺和机器生产相结合，代表作有马歇·布鲁尔的“瓦西里椅”、密斯·凡·德罗的“巴塞罗那椅”、勒·柯布西耶的“大安逸椅”。

⑤国际主义风格派

包豪斯学院被迫关闭后，德国许多著名的设计师来到了美国，并在二战期间形成了美国国际风格，这种风格注重家具的功能性，家具形态以几何形作为造型元素，以完美的比例、精良的技术和材料创造出结构合理、富于秩序美的现代家具。

2. 家具的尺度与分类

（1）人体工程学与室内家具

空间中的主体是人，人的生理、心理以及情感都将作为设计的主要依据。因此，家具的设计、布置必须考虑人的生理尺度和心理尺度，遵循人的活动规律，使人在使用时感到舒适、安全、便捷。

为了使家具能够更适宜人的使用，研究人员对人体各部位的尺寸进行计测，观察人在生活、学习、工作、休闲等场所的行为方式，统计人与各类家具的接触部位，为家具设计提供精确的数据参考，从而确定家具的造型、尺度以及家具与室内环境之间的关系。

（2）家具的分类

①根据家具的用途分类

可分为实用性家具和装饰性家具。实用性家具按家具功能分为坐卧类家具、储存类家具、凭倚类家具、陈列性家具。

坐卧类家具：为人的休息所用，起到支撑人体的作用，包括椅、凳、沙发、床等。

储存类家具：储存物品、组织空间，包括柜、橱、架等。

凭倚类家具：为人们工作休息所用，起到承托人体的作用，包括桌、台、几等。

陈列性家具：摆放和展示物品，包括陈列柜、展柜、博古架等。

装饰性家具：点缀空间，供人欣赏，包括花几、条案、屏风等。

②根据结构形式分类

框架结构家具：我国传统的家具结构类型，采用框架作为支撑结构的家具，材料一般选用实木。

板式家具：以人造板材为基材进行贴面工艺制成的家具。板式家具具有拆装容易、造型富于变化、不易变形、质量稳定等优点。

拆装家具：拆装式家具突破了以往框架式家具的固定和呆板，充分发挥人的想象空间，实现了个性化、实用化的家居理念，最大优点是容易拆装、组合，并且方便运输，还能节省保存空间。

折叠家具：突破传统设计模式，通过折叠可以减少体量较大物品所占的空间。功能多样，使用灵活自如，便于携带，适用于小面积室内空间。

充气家具：内置块状气囊，外罩面料种类较多，携带和存放极为方便。

多功能组合家具：该类家具功能转换快，可以满足不同功能要求，灵活性好，可以瞬间释放空间。

③根据使用材料分类

木、藤、竹质家具：主要部件由木材或人造板材、藤制成的家具，纹理自然，有一定的韧性，有浓厚的乡土气息。

塑料家具：主要部件由塑料制成，造型线条流畅，色彩丰富，适用面广。

金属家具：一般指由质轻的钢和各种金属材料制成的家具，其特点是材料变性小，但加工困难。

玻璃家具：玻璃家具一般采用高硬度的强化玻璃和金属框架，由于玻璃的通透性可以减少空间的压迫感，较适用于面积小的房间。

石材家具：石材家具多选用天然大理石，人造大理石。天然大理石色泽透亮，有天然的纹路，人造大理石花纹丰富。石材制作的家具以面板和局部构件较多。

软体家具：软体家具主要包括布艺家具和皮制家具，因其舒适、美观、环保、耐用等优点越来越被人们所重视。

（3）家具在室内环境中的作用

①限定空间

室内空间中，除墙体可以限定空间外，家具也具备限定空间、提高室内空间使用率和灵活性的功能。

②组织空间

在室内空间中，按照空间功能分区划分，将与之相适应的家具布置其中，虽然家具之间没有明显边界，却可以体现出空间的独立性并被人感知。

③营造氛围

家具既有实用功能，又有观赏功能。家具的风格、造型、尺度、色彩、材质要与室内环境相适应，从而创造理想的空间环境。

3. 家具的布置原则

（1）室内家具布置要考虑家具的尺寸与空间环境的关系

在小空间中应当使用具有整合性的家具，如果使用过大的家具就会使整个空间显得比较狭小，而较大空间中使用比较小的家具会使得空间比较空旷，空间感觉容易产生不舒适的感受。因此，在室内设计中应根据家具的尺寸与空间环境进行比较切合的搭配，使得空间与家具相得益彰。

（2）家具的风格要与室内装饰风格相一致

家具的风格需要与整体的室内风格相一致，能够使得整体风格得到比较充分的表现。在现代设计中，有折中主义和混搭主义，还有将各种风格综合使用，但仅适用在特殊的空间环境。

（3）家具要传递美的信息，使人在使用的同时获得美的享受

家具也随着技术的更新发生变化，在空间中，家具的舒适度得到不断提升，家具的款式和造型也不断更新。人在使用家具的同时，也享受着家具带来的视觉和使用美感。

4. 家具的布置方式

（1）按家具在空间中的位置划分

①周边式

布置时避开门的位置，沿四周墙体集中，留出中间位置来组织交通，为其他活动方式提供较大面积，此种布置方式节约空间面积，适合面积较小的空间。

②岛式

与周边式相反，室内中心部位布置家具，四周作为过道。此种布置方法强调家具的重要性和独立性，中心区不易受到干扰和影响，适合面积较大的空间。

③单边式

仅在空间中的一侧墙体集中布置家具，留出另一侧空间用来组织交通，适合小面积空间。

④走道式

空间中相向的两侧墙体布置家具，留出中间作为过道，交通对两边都有干扰，适用于人流较少的空间。

⑤悬挂式

为了提供更多的活动空间，家具的布置方式向空中发展。悬挂式家具与墙体结合，使家具下方空间得到充分利用。

（2）按空间平面构图关系划分

①对称式

空间中有明显的轴线，家具呈左右对称布置，常适用于庄重、严肃、正规的场合。

②非对称式

家具在空间中按照形式美法则灵活布置，显得活泼、自由，适合于轻松的休闲场所。

（二）室内设计的陈设

陈设就广义而言是指室内空间中除固定建筑构件以外所有具备实用性和观赏性的物品。陈设以其丰富的形式占据了绝大部分空间环境，能够烘托空间气氛，达到装饰空间的目的。良好的室内陈设能陶冶人的心性，为人们提供一定的视觉效果，使人们的情绪获得进一步升华。

1. 室内陈设分类

（1）功能性陈设

指具有一定使用价值又有一定观赏性和装饰性作用的陈设品，如家具、灯具、织物、器皿等。

（2）装饰性陈设

装饰性陈设重装饰轻功能，主要用来体现空间意境，陶冶人的情操，如艺术品、工艺品、纪念品、收藏品、观赏性动植物等。

2. 室内陈设布置原则

（1）统一格调

陈设品的种类繁多，个性复杂，如果不能和室内其他项目协调，必会导致其与室内环境风格形式相冲突，从而破坏环境整体感，因此，布置时要以室内风格为出发点。

（2）尺度适宜

为了使陈设品与室内空间拥有恰当比例关系，要根据室内空间大小进行布置。同时，还必须考虑陈设品与人的关系，要根据人的观赏习惯进行布置，避免失去正常的尺度感。

（3）主次分明

布置陈设品时，要在众多陈设品中尽可能地突出主要陈设品，使其成为室内空间中的视觉中心，使其他陈设品起到辅助、衬托的作用，不可喧宾夺主，避免造成杂乱无章的空间效果。

（4）富于美感

绝大部分室内陈设的布置是为了满足人们视觉感受的需求，是属于视觉美的范畴，因此，在布置时应该符合形式美法则，而不仅仅是填补空间布局。

3. 室内陈设的陈列方式

（1）墙面陈列

指将陈设品以悬挂的方式陈列在墙上，如字画、匾联、浮雕等。布置时应注意装饰物的尺度要与墙面尺度和家具尺度相协调。

（2）台面陈列

指将陈设品摆放在桌面、柜台、展台等进行陈列的方式，布置时可采用对称式布局，显得庄重、稳定，有秩序感，但欠缺灵活性，也可采用自由式布局，显得自由、灵活且富于变化。

（3）悬挂陈列

在举架高的室内空间，为了减少竖向空间的空旷感，常采用悬挂陈列。如吊灯、织物、珠帘、植物等。布置时应注意所悬挂的陈设品的高度不能对人的活动造成影响。

（4）橱架陈列

因橱架内设有隔板，可以搁置譬如书籍、古玩、酒、工艺品等装饰物，因此，具备陈列功能。对于陈设品较多的空间来说是最实用的形式。布置时宜选择造型色彩单纯简朴的橱架，布置的陈设宜少不宜多，切不可使橱架有拥挤和堆砌的感觉。

（5）落地陈列

适宜体量较大的装饰物，如雕塑、灯具、绿化等，适用于大型公共空间的入口或中心，能够起到空间引导的作用。布置时应注意所放置的位置要避开大量人流，不能影响交通路线。

二、室内设计的庭园与绿化

室内庭园是指被建筑实体包围的室内景观绿化场地，是综合运用景观绿化、堆山筑石、室内水景、景观小品等手段在室内形成的园林景观。室内庭院与绿化的设计在现代设计中占有重要地位，成为现代设计中营造室内空间氛围的重要手段。从内容进行划分，室内庭园与绿化可以分为室内绿化、室内山石、室内水景和景观小品四个部分，要根据不同的内容进行不同形式室内空间环境的营造。

（一）室内绿化

1. 室内绿化作用

室内绿化不同于室外景观环境的设计，室内绿化的空间范围有限，植物的高度和生活习性都会受到限制。由于植物特征不同，一些植物可能会散发出不适于人长期进行接触的气体，因此，在植物种类的选择上要有所取舍。在室内设计中，进行绿化时要根据以下作用进行考虑。

（1）功能性

①净化空气，改善室内生态环境

植物可以吸收空气中的有害气体，对空气起到净化作用，形成富氧空间。同时通过植物叶子吸热和水分蒸发调节室内温湿度。

②对室内空间进行组织和强化

利用花池、花带、绿墙等对室内空间进行线状或面状的分隔限定，使被限定和被分隔的空间保持各自不同的功能作用。

③有利于空间的视线引导

绿化因其具有很强的观赏性，常能引起人们的注意，因此，在入口两侧、空间的转折处、空间的过渡区域布置绿化能够起到暗示空间和视线引导的作用。

（2）观赏性

室内绿化的观赏性体现在植物通过自身的色彩、形态、气味等展现植物的自然美，特别是一些赏花及观叶植物能够在视觉上带给人们愉悦感。一些绿植及花卉的特殊寓意能够给人一种心理上的暗示，如发财树寓意财源广进，杜鹃代表幸福安康等。

2. 室内设计植物选择

室内植物应从两个方面选择，一方面是选择合适的植物，植物的种类繁多，其形态、色彩等千差万别，某些植物受到传统文化观的影响，还具有一定的象征意义，因此，要选择和室内空间环境相协调的植物，除了可以起到装景的作用，还可以陶冶情操，满足人们的精神需求。另一方面是根据室内环境选择植物，植物的生长需要阳光、空气、土壤以及适宜的温度和湿度，设计时应熟悉植物的生长特性，根据室内的客观条件，合理地选择和布置。

（1）植物种类

①按生长状态分

乔木：主干与分枝有明显区别的木本植物。有常绿、落叶、针叶、阔叶等区别，因其体形较大，枝叶茂密，在室内宜作为主景出现，如棕榈树、蒲葵、海棠等。棕榈树竖向生长趋势明显，适用于室内空间净高较高的场所；蒲葵水平生长趋势明显，比较适于空间比较开阔的区域。在室内植物种类的选择上应根据空间和植物生长特性进行选择。

灌木：灌木相对于乔木体形矮小，是没有明显主干、成丛生的树木。一般为常绿阔叶，主要用于观花、观果、观枝干等，室内常见灌木有栀子、鹅掌木等。在室内庭院中灌木可以起到郁郁葱葱的效果，更适于餐饮及办公空间的绿化。

藤本：植物体态不能直立，弯曲细长，需依附在其他植物或支架，向上缠绕或攀援。藤本植物多用作景观背景，室内常见藤本类植物有黄金葛、大叶蔓绿绒等。

草本：相对于木本植物而言，植物体木质部不发达，茎质较软，通常被人们称为草，但也有特例，如竹。室内常见草本植物有文竹、龟背竹、吊兰等。草本植物在室内中被广泛使用，成活率高，装饰效果好，成本较低。

②按植物观赏性分

观叶植物：一般指叶形和叶色美丽的植物。大多数观叶植物耐阴、不喜强光，在室内正常的光照和温湿度条件下也能长期呈现生机盎然的姿态，是室内主要的植物观赏门类。常见的有吊兰、芦荟、万年青、棕竹等。

观花植物：指以观花为主的植物。花的种类繁多，花色各不相同，装饰效果突出。常见的有水仙、牡丹、君子兰等。

观果植物：主要以果实供观赏的植物。常用以点缀景观，弥补观花植物的不足，又能产生层次丰富的景色效果。观果植物的选择应首要考虑花果并茂的植物，如石榴、金橘等。

3. 室内绿化的配置

(1) 室内绿化的配置原则

①美学原则

室内绿化布置应遵循美学原理，通过设计，合理布局，协调形状和色彩，使其能与室内装饰联系在一起，为室内绿化装饰呈现层次美。

②实用原则

室内绿化布置必须符合功能要求，使装饰效果与实用效果统一。在选择上，应根据地域特点及温湿度变化，避免因选择不当造成植物死亡而导致成本增加。

③经济原则

室内绿化布置还要考虑经济性原则，即在强调装饰效果的同时还要保证经济可行，使装饰效果能长久保持。

(2) 室内绿化布置分类

室内植物大多采用盆、坛等容器栽植，栽植容器可分为移动式和固定式。移动式灵活方便，可以在室内任意部位布置，但对于大型植物的栽植，难度较大；固定式则相反，被固定在室内特定地方，可以栽植较大型的植物，较适用于大型空间。从植物组合方式分类，还可分为孤植、对植、列植、丛植和附植。

①孤植

室内常采用的绿化布置形式。选择形态优美、观赏性强的植物置于室内主要空间，形成主景观，也可以置于室内一隅或空间的过渡、变换处，起到配景和空间引导的作用。

②对植

主要用于交通空间两侧等处，按轴线对应摆放两株植物，对空间起到视线引导的作用，布置时应注意选择形态相近的植物，以对植形式进行设计的植物需前后或左右排列，保持相对应，在视觉效果上给人一种呼应感。

③列植

选取 2 株以上相同或相近的植物按照一定间距种植，可以形成通道以组织交通，引导人流，也可以用于划分空间。栽种方式可以选择盆栽或种植池。

④丛植

一般选用 3 ～ 10 株植物按美学原理组合，丛植主要用于室内种植池，小体量的也可用盆栽来配置。对植物的种类并无要求，但要注意既要体现单株美感，还要形成组合的整体美感。

⑤附植

藤本植物、草本植物由于植物本身的特点，布置时经常依附于其他植物或构件上，这种植物配置方式称为附植，包括攀援和垂吊两种形式。攀援种植形态由被附着的构件形态决定，因此，可以给设计师更大的想象空间，如常春藤、龟背竹等。垂吊种植是将容器悬挂在空中，植物从容器中向下生长，如吊兰、天门冬等，适用于举架高的室内空间。

⑥水生种植

水生植物按其生长状态有挺水植物、漂浮植物、浮叶植物和沉水植物。根据各自生长特点，其种植方式有水面种植、浅水种植、深水种植三种。为获得较为自然的水景，常常三种种植方式组合运用。

（二）室内山石

在室内空间中使用山石造景，意在将自然景观用艺术的手法融入室内空间中。掇山置石是室内山石景观常用的表现形式，配以水景和植物。石材给人的感觉坚硬、稳重，在空间中可以起到呼应植物、模拟自然的景观形态的作用。

1. 掇山

用自然山石掇叠成假山的工艺过程，是艺术与技术高度结合的创作手法。掇山整体性要强，主次要分明。在远近、上下等方面要体现空间层次感，以满足不同角度的观景要求。要注意与周围水体和植物相呼应。

2. 置石

山石在造景过程中除了可以掇山，还可以散落布置，称为置石。按山石的摆放位置可分为特置、对置和散置。

（1）特置

选择形态秀美或造型奇特的石材布置在空间中，作为空间的构景中心，增强空间环境氛围。

（2）对置

在空间边缘处对称布置两块山石，以强调空间边界和用于视线引导。

（3）散置

将山石按照美学原理散落地布置在室内空间中，既不可均匀整齐，也不可缺乏联系，要有散有聚、疏密得当，彼此相呼应，具有自然山体的情趣。

（三）室内水景

水是生命之源，自古以来人类择水而居，可见水对于人类的影响深远。自然界中水体有静态、动态之分，自然山水园林注重流水的表现，室内空间中的水景常选择静态或动静结合的形态表现。

1. 静态的水

通常指相对静止的水，可以营造宁静悠远的意境。室内空间中静水常以池的形式来表现，可营造两种水景观，一种是借助水的自身反射特点映出虚景，利用倒影增加空间的景观层次；另一种是借静水作为背景，水中可以放置水生生物，可置石、喷泉、架桥、设置岛状空间等，以烘托气氛。按水池的形状分规则式和自然式。

（1）规则式水池

由规则的直线或曲线作为岸边围合而成的几何式水体，如方形、矩形、多边形、圆形或者几何形组合，多用于规则式的庭园中。

（2）自然式水池

模仿自然山水中水的形式，水面形状与室内地形变化保持一致，主要表现水池边缘线条的曲折美。

2. 动态的水

受到重力的作用，由高处流往低处或者呈现流动状态的水称为动态的水。室内空间中动态的水常以喷水、落水、流水的形式出现。

（1）喷水

利用压力，使水自喷嘴喷向空中再以各种方式落下的形式，又称喷泉。水喷射的高度、水量以及喷射的形式都可以根据设计需要自由控制。随着技术的进步，在喷泉中加入声、光的处理，极大地丰富了喷泉的造景效果。

（2）落水

流水从高处落下称为落水，包括瀑布、叠水、溢流。

①瀑布：地质学上称为跌水，即水在高处垂直跌落。室内瀑布形式又分为自由落水瀑布、水幕墙。自由落水式瀑布是仿照自然瀑布形式，用假山石作背景，上有源口，下有水池，为防止落水时水花四溅，通常瀑布下方水池宽度不小于瀑身的2/3。水幕墙是指墙体顶端设水源，水流经出水口顺墙而下的瀑布形式。水幕的透明性不仅能透射出墙壁的图案、色彩、质地，而且墙壁也因水流而呈现不同的纹理特征。

②叠水：指流动的水呈阶梯状层层叠落而下的水景，随阶梯的形式变化而变化，可以产生形状不同、水量不同的叠水景观。

③溢流：水满后往外溢流的水处理形式。人工设计的溢流形态，取决于池的形状、大小和高度，如直落而下则成为瀑布，沿阶梯而流则成为叠水，也有将器物设计成杯盘状，塑造一种水漫外溢的溢流效果。

（四）景观小品

景观小品通常指在室内庭园中供休息、照明、装饰、展示之用的环境设施，其特点是体量较小，具有一定实用功能，在空间中起点缀作用，常用在室内景观小品如座椅、桥、亭、灯具、雕塑、指示牌等。景观小品可以根据使用者的不同进行选择，体现使用者的文化修养和审美意趣。

第四节　室内环境的软装饰设计

一、室内软装饰风格发展

软装饰是室内环境设计的灵魂，对室内软装设计的研究，除理论概述外，还包括其发展的历史、现状、趋向以及多样的风格。

今天，个性化与人性化设计日益受到重视，这一点尤其体现在软装饰设计上。人性化环境必须处理好软装饰，对不同消费者的不同背景进行深入研究，将人放在首位，满足不同消费需求。从室内软装饰发展和现状中发现，室内软装饰设计可呈现出以下几种趋向。

（一）软装饰投资的加大

随着人们环境意识与审美意识的逐渐提高，舒适的生活环境、室内造型能够带给人心灵的慰藉与视觉的享受，而这种和谐与舒适主要体现在室内软装饰设计上。可以预见，未来室内软装饰的投资比重将会越来越大。

（二）个性化与人性化增强

个性化与人性化是当今的一个创作原则，因为缺乏个性与人性的设计不能够满足人们精神需求。千篇一律的风格使人缺少认同感与归属感。因此，在装饰上塑造个性化与人性化的环境是装饰设计师必须要实现的一个宗旨。

（三）注重室内文化品位

今天的室内空间无论是造型设计，还是室内软装饰，都将在重视空间功能的基础上，加入文化性与展示性因素，如增添家居的文化氛围，将精美的收藏品陈列其中，同时使用具有传统文化内涵的元素进行具体的展示与塑造，使人产生置身文化艺术空间的感觉。

（四）注重民族传统

中国传统古典风格具有庄重、优雅的双重品质，墙面的装饰有手工织物（如刺绣的窗帘等），地面铺手织地毯，靠垫用绸、缎、丝、麻等材料做成，这种具有中国民族风格的装饰使得室内空间充满了韵味，这也是室内软装饰设计所要追求的本质内容。

（五）注重生态化

科技的发展为装饰设计提供了新的理论研究与实践契机。现代室内软装饰设计应该充分考虑人的健康，最大限度地利用生态资源创造适宜的人居环境，为室内空间注入生态景观已经是室内软装饰设计必不可少的一个装饰惯例，而有效、合理地设置和利用生态景观则是室内软装饰设计中要充分考虑的因素，这就要求设计师能够将室内空间纳入一个整体的循环体系中来。

二、室内软装饰的搭配原则与设计手法

（一）新古典风格

新古典风格以精致高雅、低调奢华著称，光滑典雅的大理石材质、线条简洁的装饰壁炉、反光折射的茶色镜面、晶莹剔透的奢华水晶吊灯、花色华丽的布艺装饰、细致优雅的木质家具等组合在一起，创造出空间的尊贵气质，被无数家庭所追捧。

新古典风格体现更多的是古典浪漫情怀和时代个性的融合，兼具传统和现代元素。它一方面保留了古典家具传统的色彩和装饰方法，简化造型，

提炼元素，让人感受到它悠久的历史痕迹；另一方面用新型的装饰材料和设计工艺去表现，更体现出时代的进步和技术的先进，同时也更加符合现代人的审美观念。

1. 新古典风格软装饰的色彩搭配

在色彩搭配上，多使用白色、灰色、暗红、藏蓝、银色等色调，白色使空间看起来更明亮，不锈钢的银色带来金属质感，暗红或藏蓝色增加色彩对比，更加高贵。

2. 新古典风格细部软装设计

在墙面设计上，多使用带有古典欧式花色图案和色彩的壁纸，配合简单的墙面装饰线条或墙面护板；在地面的设计上多采用大理石拼花，根据空间的大小设计好地面的图案形态，用自然的纹理来修饰。在设计风格上，空间理念的表达更多地表现对生活和人生的一种态度，设计师在软装设计的时候要求能够敏锐地洞知业主的需求和生活态度，在室内软装陈设中尽量展现其唯美、典雅的一面和富有内涵的气质，将业主对生活的美好憧憬，对生活品质的热烈追求在空间中淋漓尽致地展现出来。

（二）现代简约风格

简约风格的空间设计比较含蓄，将室内装饰元素降到最少，但对空间的色彩和材料质感要求较高，渴望设计出简洁、纯净的时尚空间。

功能渗透是居室空间设计过程中非常注重的因素，空间组织更注重空间逻辑关系，而非只有房间组合，突出人性化。主张在有限的空间发挥最大的使用效能，一切以实用性为主，摒弃多余的附加装饰，简约但不简单。材质的选择范围更加宽泛，不再仅仅局限于石、木、铁、藤等自然材质，更有金属、玻璃、塑料等新型合成材料，在空间上将一些结构，甚至钢管暴露在空间中，体现结构之美。

（三）欧式风格

欧式风格是传统设计风格之一，泛指具有欧洲装饰文化艺术的风格，比较具有代表性的欧式风格有古罗马风格、古希腊风格、巴洛克风格、洛可可风格、新古典风格、美式风格、英式风格和西班牙风格等。欧式风格强调空间装饰，善于运用华丽的雕刻、浓艳的色彩和精美的装饰。

1. 拱形元素在欧式风格中的应用

拱形元素作为欧式风格的常用元素可用作墙面装饰。独特的马赛克拼花极具风情，左右对称的人像烛台造型生动。

2. 壁炉在欧式风格中的应用

壁炉在早期的欧式家居中主要为了取暖，后来随着欧式风格的逐渐风靡，壁炉逐渐演变成欧式装饰中的重要元素。

3. 彩绘在欧式风格中的应用

彩绘也是欧式风格常用的一种装饰手法，在墙面造型中，一幅写实的油画可作为墙面背景，前面摆放装饰柜，搭配对称的灯具和花卉，亦真亦假。

4. 罗马柱在欧式风格中的应用

罗马柱是欧式风格中必备的柱式装饰，罗马柱的柱式主要分为多立克柱式、爱奥尼柱式和科林斯柱式，此外，还有人像柱在欧式风格中也较为常见。

（四）地中海风格

地中海风格追求的是海边轻松随意、贴近自然的精神内涵，它在空间设计上多采用拱形元素和马蹄形的窗户来表现空间的通透性。在材质上多采用当地比较常见的自然材质，如木质家具、赤陶地砖、粗糙石块、马赛克瓷砖、彩色石子等。

地中海风格的形成与地中海周围的环境紧密相关，它的美包括大海的蓝色，希腊沿岸仿佛被水冲刷过的白墙，意大利南部成片向日葵的金黄色，法国南部薰衣草的蓝紫色以及北非特有的沙漠、岩石、泥沙、植物等的黄色和红褐色，这些色彩组合形成地中海风格的不同表达形式。在地中海海岸线一带，特别是生活在希腊、意大利、西班牙这些国家沿岸地区的居民的生活方式闲适，因此建筑民风淳朴。以前，这种装饰风格体现在外部的建筑中，没有延伸到室内，随着这种装饰进入到欧洲，逐渐出现在别墅装饰中，才开始慢慢被大家接受和追捧。

当然，在空间中，元素的表达不能一味地堆砌，一定要有贯穿空间的设计灵魂。在确定基本空间形态后，空间元素也有明显的装饰特征。

在地中海风格中，所有的附件装饰也充满了乡村感觉，除了多采用铁艺的家具、花架、栏杆、墙面装饰外，就连门或家具上的装饰也多是铁艺制品。

马赛克的瓷砖图案多为伊斯兰风格，多用在墙面造型装饰、楼梯扶手和梯面装饰、桌面装饰、镜子边框装饰，甚至利用石膏将彩色的小石子、贝壳、海星等黏在墙面上做装饰。

（五）新中式风格

新中式风格更多表现的是唐、明、清时期的设计理念，撇去刻板、暗淡的装饰造型和色彩，注重内在品质，改用现代的装饰材料和更加明亮的色彩来表达空间。

1. 新中式风格中传统与现代的结合

新中式风格并不是一些传统中式符号在空间中的堆砌，而是通过设计的手法将传统和现代有机地结合在一起，传统中式的木刻雕花门在这里只保留了上部精美的雕花，作为空间的隔断，下部的木饰处理得简单、干练。整个空间融入了灵活的布局形式，色彩更富有西式色调，白色的顶棚、青灰色的墙面、深色的家具，以明度对比为主，更富有中国水墨画的情调和韵味。

中国作为世界四大文明古国之一，其古典建筑是世界建筑体系中非常重要的一部分，内部的装饰则多采用以宫廷建筑为代表的艺术风格。空间结构上讲究高空间、大进深，雕梁画栋多采用木架构形式，在造型上讲究对称，遵循均衡对称的原则，图案则多选择龙、凤、龟、狮等，表达吉祥。生活在现代的人们对传统总有一种怀念和追忆，当传统的中式风格与现代的装饰元素对撞后，褪去繁复的外表，保留意境唯美的中国清韵，融入现代设计元素，凝练出充满时代感的新中式风格。

2. 新中式风格中家具形态的演变

旧式的纯木质结构家具结合西式沙发的特点融入了布艺和坐垫，使用起来更舒适。旧式的条案，现在更多地作为处理空间装饰的重要家具，在上面放置花瓶、灯具或其他装饰，与墙上的挂画形成一处风景。原来用作入户大门上的门饰，现在也可以作为柜门上的装饰进行灵活运用。

3. 新中式风格对于空间层次感的追求

在空间上追求空间的层次感，多采用木质窗棂、窗格或镂空的隔断、博古架等来分隔或装饰空间。

4. 新中式风格软装设计的修饰

在空间软装饰部分，可以运用瓷器、陶艺、中式吉祥纹案、字画等物品来修饰。采用不锈钢材质来表现传统的纹案，作为床头的装饰，优质细腻的瓷器花瓶作为床头灯。将中式的华贵典雅点到即止，更多的是现代的元素，造型结构流畅、简洁。软包的床头背景、床头板给空间带来更多的暖意，使空间在现代中流淌着淡淡的古韵。

（六）东南亚风格

东南亚风格以情调和神秘著称，不过近些年来，越来越多的人认为过于柔媚的东南亚风格不太适合家居空间。除了取材自然是东南亚家居最大的特点之外，东南亚的家具设计也极具原汁原味的淳朴感，它摒弃了复杂的线条，取而代之的是简单的直线。在布艺的选择上，主要为丝质高贵的泰丝或棉麻布艺，如床单和被套采用白色的棉质品，手感舒适，抱枕则采用明度较低的泰丝面料，棉麻遇上泰丝，淳朴中带着质感。顶棚造型则提炼了东南亚建筑中的造型元素，经简化处理，那一抹风情瞬间就出来了。

（七）田园风格

田园风格指欧洲各种乡村家居风格，它既表现了乡村朴实的自然风格，也表现了贵族在乡村别墅的世外桃源。

田园风格之所以能够成为现代家装的常用装饰风格之一，主要是因其轻松、自然的装饰环境所营造出的田园生活的场景，力求表现悠闲、自然的生活情趣。田园风格重在表现室外的景致，但是不同的地域所形成的田园风格各有不同。

在田园风格中，织物的材料常用棉、麻的天然制品，不加雕琢。花鸟鱼虫、形形色色的动物及极具风情的异域图案更能体现田园特色。天然的石材、板材、仿古砖因表面带有粗糙、斑驳的纹理和质感，也多用于墙面、地面、壁炉等装饰，并特意将接缝的材质透出，显示出岁月的痕迹。

铁艺制品，造型或为藤蔓，或为花朵，枝蔓缠绕，常用的有铁艺床架、搁物架、装饰镜边框、家具等。

墙面常用壁纸来装饰，有砖纹、石纹、花朵等图案。门窗多用原木色或白色的百叶窗造型，处处散发着田园气息。

利用田园风格可以打造出适合不同年龄群的家居风尚。年轻人可以选择白色的家具、清新的搭配，具有甜美风格的田园感觉。年纪稍大的人可以选择深色或原木的家具，搭配特色的装饰，稳重而不失高贵。

田园风格休闲、自然的设计思想使家居空间成为都市生活中的一方净土。

三、室内软装饰中其他要素的设计

室内软装饰中各类装饰主要研究灯饰设计、布艺设计及其设计的方法与实践。

（一）灯饰设计

1. 灯饰设计的定义

灯饰是指用于照明和室内装饰的灯具，照明是利用自然光和人工照明来满足人们空间照明的需求。室内灯饰设计是指针对室内灯具进行样式设计和搭配，是美化室内环境不可或缺的陈设品。

2. 室内灯饰的分类及应用

（1）吸顶灯

①吸顶灯的特征

吸顶灯通常安装在房间内部天花板，通过反射进行间接照明，主要用于卧室、过道、走廊、阳台、厕所等地方，适合作整体照明。

吸顶灯的外形多种多样，其特点是比较大众化。吸顶灯安装简易，能够赋予空间清朗明快的感觉。

现在不再仅限于单灯，还吸取了吊灯的豪华与气派，为矮房间装饰提供更多可能。

②吸顶灯的分类及应用

吸顶灯内一般有镇流器和环形灯管，能瞬时启动，延长灯的寿命。所以应该尽量选择电子镇流器吸顶灯。卤粉灯管显色性差、发光度低、光衰快，可同时点亮两灯管。

另外，吸顶灯有带遥控和不带遥控两种，带遥控的吸顶灯开关方便，适用于卧室。

（2）吊灯

①吊灯的特征

吊灯是最常采用的直接照明灯具，常装在客厅、接待室、餐厅、贵宾室等空间。灯罩有两种，一种灯口向下，灯光可以直接照射室内；另一种灯口向上，光线柔和。

②吊灯分类及应用

吊灯可分为单头吊灯和多头吊灯。厨房和餐厅多选用单头吊灯，吊灯通常以花卉造型较为常见。吊灯的安装高度应根据空间属性而有所不同，其最低点离地面一般不应少于2.5米。

③一般住宅通常选用简洁式的吊灯，如水晶吊灯。

（3）射灯

①射灯的特征

射灯主要用于制造效果，它能根据室内照明的要求突出室内的局部特征，因此，多用于现代流派照明中。

②射灯的分类及应用

射灯的颜色有纯白、米色、黑色等多种。射灯造型玲珑小巧，具有装饰性。

射灯光线柔和，又可局部采光，烘托气氛。射灯的光线直接照射在需要强调的家具、器物上，达到重点突出、层次丰富的艺术效果。其寿命长一些，光效高一些。功率因数越大，光效越好，普通射灯的功率因数在0.5左右，优质射灯功率因数能达到0.99，价格稍贵。

（4）落地灯

①落地灯的特征

落地灯是一种放置于地面上的灯具，其作用是用来满足房间局部照明和点缀家庭环境的需求。落地灯一般安置在客厅和休息区，与沙发、茶几配合使用。落地灯除可照明，还可以制造特殊光影效果。一般情况下，瓦数低更便于创造柔和的室内环境。

落地灯常用作局部照明来营造角落气氛。落地灯的采光方式若是直接向下投射，则比较适合精神集中的活动，如阅读，若是间接照明，可以起到调节光线变化的作用。

②落地灯的分类及应用

上照式落地灯，如果顶棚过低，光线就只能集中在局部区域。使用上照式落地灯需要考虑灯罩下沿要比眼睛的高度低，此外，室内光线的明暗对比太大会增加眼睛负荷，使用时，由于直照式灯光线集中，以免反光造成不适。

落地灯一般放在沙发拐角处，晚上看电视时开启会取得很好效果。

（5）筒灯

筒灯是一种嵌入顶棚内、光线下射式的照明灯具。它的最大特点就是能保持建筑装饰的整体与统一。由于筒灯嵌装于顶棚内部的隐置性灯具，属于直接配光，可增加空间的柔和气氛，可以尝试装设多盏筒灯，从而减轻空间压迫感。有许多筒灯的灯口不耐高温，要购买通过3C认证（强制性产品认证制度）后的产品。

（6）台灯

①台灯的特征

台灯是日常生活中用来照明的一种家用电器，台灯一般应用于卧室以及工作场所，以满足工作、阅读的需要。台灯的最大特点是移动便利。

②台灯的分类及应用

台灯分为工艺用台灯（装饰性较强）和书写用台灯（重在实用）。选择台灯主要看电子配件质量和制作工艺，应尽量选择知名厂家生产的台灯。

（7）壁灯

①壁灯的特征

壁灯是室内装饰常用的灯具之一，光线淡雅和谐，尤其适于卧室。壁灯一般用作辅助性的照明及装饰，大多安装在床头、门厅、过道等处的墙壁或柱子上。

②壁灯的应用

壁灯的安装高度一般应略超过视平线1.8米高左右。壁灯不是作为室内的主光源来使用的，灯罩的色彩选择应根据墙色而定，宜用浅绿、淡蓝的灯罩，湖绿和天蓝色的墙，能给人幽雅、清新之感。例如，小空间宜用单头壁灯，较大空间就用双头壁灯，大空间应该选厚一些的壁灯。

3. 室内灯饰的风格

欧式风格的室内灯饰强调华丽的装饰，常使用镀金、铜和铸铁等材料，色彩稳重，多以镂空雕刻的木材为主要材料。

现代风格的室内灯饰造型简约、时尚、色彩丰富，适合与现代简约型的室内装饰风格相搭配。

田园风格的室内灯饰倡导“回归自然”理念，力求表现出悠闲、舒畅、自然的田园生活情趣。田园风格的用料常采用陶、木、石、藤、竹等天然材料，显现出自然、简朴、雅致的效果，粗糙和破损是允许的。

4. 室内灯饰的设计原则

（1）主次之分原则

室内灯饰在设计时应注意主次关系的表达。室内空间中各界面的处理效果都对室内灯饰的搭配产生影响。尽量选用具抛光效果的材料，灯饰大小、比例对室内空间效果造成的影响在室内灯饰设计时应充分考虑，使空间更具动感和活力，可以利用连排、成组的吊灯增强空间的节奏感和韵律感。

（2）体现文化品位原则

室内灯饰在装饰时需要注意体现文化特色。

（3）风格相互协调原则

搭配时应注意灯饰的格调与整体环境相协调。

（二）布艺设计

1. 室内布艺设计的定义

室内布艺是指以布为主要材料，满足人们生活需求的纺织类产品。可以柔化室内空间，营造出室内温馨的环境。室内布艺设计是指针对室内布艺进行的样式设计和搭配。

2. 室内布艺设计的特征

（1）风格各异

室内布艺的风格各异，其样式也随着不同的风格呈现出不同的特点。常用棉、丝等材料，金、银、金黄等色彩，田园风格的布艺讲究自然主义的设计理念，体现出清新、甜美的视觉效果。

（2）装饰效果突出

室内布艺可以根据室内空间的审美需要随时更换和变换，也赋予了室内空间更多的变化。利用布艺做成天幕，柔化室内灯光，营造温馨、浪漫的情调，利用金色的布艺包裹室内外景观植物的根部，营造出富丽堂皇的视觉效果。

（3）方便清洁

室内布艺产品不仅美观、实用，而且便于清洗和更换。还可以弱化噪声、柔化光线、软化地面质感。此外，可以随时清洗和更换。

3. 室内布艺设计的分类及应用

室内布艺设计可以分为以下几类。

（1）窗帘

窗帘具有遮蔽阳光、隔声和调节温度的作用。可根据室内光线强弱情况选择窗帘，采光较差的空间可用轻质、透明的纱帘，光线照射强烈的空间可用厚实、不透明的窗帘。窗帘的材料主要有纱、棉布、丝绸、呢绒等。

窗帘的款式主要有以下几类。

①拉褶帘：用一个四叉的铁钩吊着并缝在窗帘的封边条上，造成 2 ～ 4 褶的形式的窗帘。单幅或双幅是家庭中常用的样式。

②卷帘：是一种帘身平直，由可转动的帘杆将帘身收放的窗帘，以竹编和藤编为主，具有浓郁的乡土风情和人文气息。

③拉杆式帘：是一种帘头圈在帘杆上拉动的窗帘，其帘身与拉褶帘相似，但帘杆、帘头和帘杆圈的装饰效果更佳。

④水波帘：是一种卷起时呈现水波状的窗帘，具有古典、浪漫的情调，在西式咖啡厅广泛采用。

⑤罗马帘：是一种层层叠起的窗帘，因出自古罗马，故而得名罗马帘。其特点是具有独特的美感和装饰效果，层次感强，有极好的隐蔽性。

⑥垂直帘：是一种安装在过道，用于局部间隔的窗帘，其主要材料有水晶、玻璃、棉线和铁艺等，具有较强的装饰效果，在一些特色餐厅广泛使用。

⑦百叶帘：是一种通透、灵活的窗帘，可用拉绳调整角度及上落，广泛应用于办公空间。

（2）地毯

地毯是室内铺设类布艺制品，不仅可以增强艺术美感，还可以吸收噪声，创造安宁的室内气氛。此外，地毯还可使空间产生集合感，使室内空间更加整体、紧凑。地毯主要分为以下几类。

①纯毛地毯。抗静电性良好，隔热性强，不易老化、磨损、褪色，是高档地面装饰材料。纯毛地毯多用于高级住宅、酒店和会所的装饰，价格较贵，可使室内空间呈现出华贵、典雅的气氛。它是一种采用动物的毛发制成的地毯，如纯羊毛地毯。其不足之处是抗潮湿性较差，容易发霉。所以，要保持通风和干燥，要经常进行清洁。

②合成纤维地毯。合成纤维地毯是一种以丙纶和腈纶纤维为原料，经机织制成面层，再与麻布底层合在一起制成的地毯。纤维地毯经济实用，具有防燃、防虫蛀、防污的特点，易于清洗和维护，而且质量轻、铺设简便。与纯毛地毯相比，缺少弹性和抗静电性能，且易吸灰尘，质感、保温性能较差。

③混纺地毯。混纺地毯是在纯毛地毯纤维中加入一定比例的化学纤维而制成。在图案、色泽和质地等方面，这种地毯与纯毛地毯差别不大，装饰效果好、耐虫蛀，同时提高耐磨性，有吸音、保温、弹性和脚感好等特点。

④塑料地毯。塑料地毯是一种质地较轻、手感硬、易老化的地毯，其色泽鲜艳，耐湿、耐腐蚀性、易清洗，阻燃性好，价格低。

（3）靠枕

靠枕是沙发和床的附件，可调节人的坐、卧、靠姿势。靠枕的形状以方形和圆形为主，多用棉、麻、丝和化纤等材料，采用提花、印花和编织等制作手法，图案自由活泼，装饰性强。靠枕的布置应根据沙发的样式来进行选择，一般素色的沙发用艳色的靠枕，而艳色的沙发则用素色的靠枕。靠枕主要有以下几类。

①方形靠枕。方形靠枕的样式、图案、材质和色彩较为丰富，可以根据不同的室内风格需求来配置。它是一种体形呈正方形或长方形的靠枕，一般放置在沙发和床头。方形靠枕的尺寸通常有正方形 40 厘米 ×40 厘米、50 厘米 ×50 厘米，长方形有 50 厘米 ×40 厘米。

②圆形碎花靠枕。圆形碎花靠枕是一种体形呈圆形的靠枕，经常摆放在阳台或庭院中的座椅上，有家的温馨感觉。圆形碎花靠枕制作简便，其尺寸一般为直径 40 厘米左右。

③莲藕形靠枕。莲藕形靠枕是一种体形呈莲藕形状的圆柱形靠枕，它给人清新、高洁的感觉。清新的田园风格中搭配莲藕形的靠枕有清爽宜人的效果。

④糖果形靠枕。糖果形靠枕是一种体形呈奶糖形状的圆柱形靠枕，制作简单，只要将包裹好枕芯的布料两端做好捆绑即可。它简洁的造型和良好的寓意能体现出甜蜜的味道，让生活更另浪漫。糖果形靠枕的尺寸一般长 40 厘米，圆柱直径约为 20 ～ 25 厘米。

⑤特殊造型靠枕。主要包括幸运星形、花瓣形和心形等，其色彩艳丽，

形体充满趣味性，让室内空间呈现出天真、梦幻的感觉，在儿童房空间应用较广。

（4）壁挂织物

壁挂织物是室内纯装饰性质的布艺制品，包括墙布、桌布、挂毯、布玩具、织物屏风和编结挂件等，它可以有效地调节室内气氛，增添室内情趣，提高整个室内空间环境的品位和格调。

4. 室内布艺设计风格

（1）欧式豪华富丽风格

欧式豪华富丽风格的室内布艺，做工精细，选材高贵，强调手工的精湛编织技巧，色彩华丽，充满强烈的动感效果，给人以奢华、富贵的感觉。

（2）中式庄重优雅风格

中国传统的室内设计融合了庄重与优雅的双重气质，中式庄重优雅风格的室内布艺色彩浓重、花纹繁复，装饰性强，常使用带有中国传统寓意的图案（如牡丹、荷花、梅花等）和绘画（如中国工笔国画、山水画等）。

（3）现代式简洁明快风格

现代式简洁明快风格的室内布艺强调简洁、朴素、单纯的特点，尽量减少烦琐的装饰，广泛运用点、线、面等抽象设计元素，色彩以黑、白、灰为主调，体现出简约、时尚、轻松、随意的感觉。

（4）自然式朴素雅致风格

自然式朴素雅致风格的室内布艺追求与自然相结合的设计理念，常采用自然植物图案（如树叶、树枝、花瓣等）作为布艺的印花，色彩以清新、雅致的黄绿色、木材色或浅蓝色为主，展现出朴素、淡雅的品质和内涵。

5. 室内布艺设计的搭配原则

（1）体现文化品位和民族、地方特色

室内布艺搭配时应注意体现民族和地方文化特色，如在一些茶馆的设计中，采用少数民族手工缝制的蓝印花布，营造出原始、自然、休闲的氛围；在一些特色餐馆的设计中，采用中国北方大花布，营造出单纯、野性的效果；在一些波希米亚风格的样板房设计中，采用特有的手工编制地毯和桌布，营造出独特的异域风情。

（2）风格相互协调原则

布艺的格调与室内整体风格相协调，要尽量避免不同风格的布艺混杂搭配。

（3）充分突出布艺制品的质感

布艺特有的柔软质感和丰富的色彩可以调节室内的温度、柔软度和装饰效果。室内布艺搭配时应充分考虑布艺制品的样式、色彩和材质对室内装饰效果造成的影响，如利用布艺制品调节室内温度，在夏季，选用蓝色、绿色等凉爽的冷色会感觉室内空间温度仿佛在降低；而在冬季，选用黄色、红色或橙色等暖色，会有室温提高的感觉。

第六章　室内设计的阶段性学习

第一节　认识室内设计

室内环境艺术设计是建筑设计的继续和深化，创造平静惬意的环境才是对室内空间进行创造的重要内容。根据物质需求和精神需求进行创作构思，设计出有特色、有个性的空间，使功能与美学达到平衡、和谐、统一。

室内环境空间设计中，不同的形状给人不同的感觉，即空间的形状、比例和尺度的相互关系。

室内空间尺度处理是表达空间效果的重要手段，如果缺乏必要的细部处理会感到简陋和粗笨，相应地还会引起心理感知变化，创作意图与空间尺度密不可分，空间尺度服务于空间环境意境创作与构思，同时还决定材料选择与应用。

室内空间组合首先应该根据物质需求和精神需求进行创造性构思，兼顾内外，从单个空间的设计到群体空间的组织，合理地利用空间，整体和布局之间的有机联系能促进功能和美学的统一。

空间组织设计，即包括储藏空间在内的家具布置和室内空间，室内空间大小、尺度和家具布置，要符合人体工程学要求。通过优美的环境能使人们拥有美的心理感受。

一、空间的分隔与联系

为营造良好空间环境，可对空间进行适当分隔和联系来实现室内空间组合。空间分隔和联系既是技术问题，也是艺术问题，除功能使用角度外，还应关注其形式和方法，可多种分隔手段同时运用。

二、空间的过渡

空间的过渡产生于人们日常生活的需要。例如家居中，在门口处需有换鞋、放置雨伞、挂雨衣的空间，这一片区域即为空间的过渡地带，在办公场所中，还需要设置接待室。过渡空间还常作为一种艺术手段起到空间的引导作用。有的过渡空间精心设计后可供人欣赏。作为前后、内外空间的连接，过渡空间有特殊的地位和作用。过渡的效果通常和空间艺术的形象处理有关，像文学作品中"山重水复疑无路，柳暗花明又一村""庭院深深深几许"等诗情画意的境界就是一种过渡的效果。巴黎卢浮宫博物馆通道处的过渡空间处理就能起到引导人流前进的作用。

三、空间的序列

空间序列设计以活动过程为依据，将各个空间作为彼此相互联系的整体来考虑，室内环境对人心理上、精神上的影响能够通过序列设计得到更深入、更充分的发挥。

良好的序列设计手法要通过每个局部空间，包括细部设计、色彩等艺术手段来实现。例如，瑞士日内瓦奥林匹克博物馆室内设计的序列性和整体感很强。照明设计、绿化配置、陈设布置等均围绕主题展开。

室内环境艺术空间的含义与表现形式，或者称为空间艺术的概念。在目前的室内艺术设计实践中，片面地重视环境实体表象，这种落后的思想意识严重影响和阻碍环境艺术空间的健康发展。正确认识室内艺术的空间特征很有必要。

第二节　室内设计软件

一、Auto CAD

传统的室内设计是以手绘形式为主，手绘表达的效果生动而形象，能满足室内设计应急需要。但现在室内设计更加复杂化，手绘的传统方式已不能完全满足室内设计的需要。CAD 是随计算机技术发展而产生的比较受欢迎的且广泛应用的绘图软件，虽然 CAD 软件可以简便、快速、准确地绘制图形，处理物体精确且便于保存、修复和利用，但使用效率并不理想，特别是在室内设计应用方面还有待加强,因此,在实际室内设计中,为提高精确性和逼真性,设计师们要根据实际情况实施相应技术引导。不能从全方位的立体空间进行考虑是CAD本身的缺陷,这会导致最终效果图在空间及立体表现方面缺乏协调性和统一性。我们在选择软件时,应注意自身发展需要,确保文件转换接口、外接接口和通用性要好,具可开发性、人机界面好、便于掌握和操作、软件提供商背景好。

作为一个可视化的绘图软件,在AutoCAD中完成命令和操作可通过菜单选项和工具按钮。AutoCAD具有丰富的绘图和辅助功能,它的工具栏、菜单设计、对话框、图形打开和输出预览、信息交换、文本编辑、图像处理为用户的绘图带来很大方便,在制图方面具有完善绘图、图形编辑、用户制定、多重格式转换、支持多种硬件设备和操作平台等功能,通用性和开放性强,受到广大用户欢迎,室内设计分为设计准备、方案设计、施工图设计和设计实施阶段。绘制正式的装饰设计图和施工图时在设计绘图阶段应用CAD软件,包括平面图、立面图、剖面图、细部节点详图等。最后,绘制相应的施工图,图纸一般由装饰施工图和效果图两个部分组成,其中施工图是效果图绘制的基础,效果图必须根据施工图进行绘制。

在使用CAD进行室内设计时,我们也应考虑环境整体的特点,建筑的使用功能和类型。增强创新精神,不能简单"抄袭"或随意"套用",应倡导与时俱进。

二、3ds Max

3ds Max是基于PC系统的三维动画渲染和制作软件,是室内设计的重要工具之一,下面从不同角度介绍3 ds Max,以帮助读者全方位地了解3ds Max。

(一) 3ds Max 工具的特征

3ds Max能够提高与其他Auto desk设计应用软件在创造和管理内容方面的互用性,例如工具调色板、摄影浏览器、灯光和材质等。

3ds Max为学习建筑照明提供了一个极好的显而易见的解决方案,能够为一条高速的相互交换示范一个复杂的分析设计图案,配合任何可见的工作流程。

3ds Max与提供DWG的任何Auto desk应用软件的文档相关联,例如 Auto desk Revit Building、Auto CAD、Auto desk 和 Architectural Desktop，这些新特征使人们能够很容易地使用 3ds Max 制作出高品质图像，直接表现图像的真实性。

（二）3ds Max 的特色功能

1.3ds Max 中的新工具调色板

3ds Max 中的新工具调色板提供了直接使用巨大的 3ds Max 详细目录对象，例如摄影、照明和原料一体的用户界面。在 3ds Max 的调色板工具栏中包括每个工具的预览图标、照明设备利用光线、透视技术和改进的界面，以及间接照明和单一的全面照明用户界面。

2.3ds Max 中的高级渲染

3ds Max 为设计工作中的高级渲染、建模和动画提供了一套三维解决方案，可以在整个设计过程中使用此软件探索各种设计思想和替换方案，在客户和顾问之间交流设计意图，验证设计作品以减少错误，展示完成的项目设计效果并赢得更多业务。使用任何基于 AutoCAD 平台的软件（如 Auto desk Architectural Desktop 等）中创建的数据都可以在 3ds Max 中使用，这使 3ds Max 成为完整设计解决方案中的重要组成部分。

三、Photoshop CS

（一）Photoshop CS 的重要功能

1. 图像调整

Photoshop CS 提供了更为丰富的图像调整功能。选择“图像”→“调整”命令，会发现在弹出的子菜单中有“匹配颜色”“照片滤镜”和“暗调 / 高光”3 个命令。

“匹配颜色”命令：将两个不同色调的图片经调整后自动成为一个与前者相协调的色调，这是一个非常方便、实用的功能，为图像合成提供便利。

“照片滤镜”命令：支持多款数字照相机（数码相机）的 RAW 图像模式，图像输入更真实，模仿传统照相机拍摄后使用滤镜处理照片，获得各种丰富的效果。

“暗调 / 高光”命令：对比度能够通过快速改善图像曝光过度或曝光不足区域的方法来实现，与此同时，还能够保持照片整体平衡。

2. 沿路径排列文字

Photoshop CS 增加了文字沿路径排列的功能。先绘制好路径或区域，需要的文字路径上或区域中使用相应文字工具完成，文字按预先路径排列，路径或区域还可以在完成以后继续调整，文字会自动适应变化。路径工具是 Photoshop CS 中的重要工具，主要用于进行光滑图像选择区域及辅助抠图、光滑线条和定义钢笔等工具的轨迹绘制，以及输出输入路径和选择区域之间的转换。

3. 镜头模糊

Photoshop CS 增加了镜头模糊功能，用来模拟各种镜头景深产生的模糊效果，十分方便。通过镜头模糊滤镜对话框可以看到各种丰富的镜头景深模糊效果。借助镜头模糊功能可以模拟真实世界的模糊效果，通过模仿传统照相机的照片，获得引人注目的效果。

（二）Photoshop CS 的使用

1. 自定义快捷键

Photoshop CS 允许自定义快捷键使用，自定义、保存并打印平时习惯使用的理想快捷键摘要，以方便地使用最常用的功能。无须搜索“帮助”系统即可了解基本的 Photoshop 概念，甚至可以创建自己的主题，然后将其列入“帮助”菜单。自定义并保存工作区和工具，以便每次开始工作时，即可访问的个性化 Photoshop 设置。

2. 透视变换命令

开创性的透视工具可以在很短的时间内实现令人惊奇的效果，可以匹配图像区域的角度，自动进行克隆、喷绘、粘贴元素等操作。

3. 文件浏览器

Photoshop CS 内置的浏览器用来预览和管理图片，大大增强了搜索功能，可以快速预览、标记图像和对图像进行排序，并且可以搜索和编辑源数据以及关键字，甚至查看高质量的、较大的预览图。浏览器可以简单地处理图片，包括快速处理相机的 RAW 格式文件、修改图片大小或比例、生成缩略图、以幻灯方式浏览图片、查找 meta data 等功能。

4. 路径控制面板

路径作为平面图像处理中的一个要素，显得非常重要，与图层面板一样，在Photoshop CS中也提供了一个专门的控制面板。“路径控制面板”主要由系统按钮区、路径控制面板标签区、路径列表区、路径工具图标区、路径控制菜单区构成。

5. 图层复合

Photoshop CS新增的图层面板可以将同一文件内的不同图层组合另存为多个复合图层，更加方便快捷地展示不同组合设计的视觉效果。

6. 多级图层

Photoshop CS增加了多级图层，图层可在制作复杂设计时更好地得到管理，在图层面板中按照需要设定序列关系。

7. 滤镜库

Photoshop CS增加了滤镜库，它将常用滤镜组合在一个面板中，以折叠菜单的方式显示，并为每一个滤镜提供直观效果预览，包括风格化、画笔描边、扭曲、素描、纹理和艺术效果。

第三节　室内设计人才素质和能力的培养以及实训案例

一、专业培养目标

（一）培养目标

将市场行业需求作为培养导向，做到德智体美全面发展，培育室内装饰工程设计与施工等职业能力兼备的高等技术应用性人才。培养人才主要面向室内建筑装饰生产基层，掌握室内设计技术基本理论知识，能在室内装饰行业企业从事设计与施工等职业岗位技术工作，具有职业生涯发展基础。其中，可担任助理室内建筑师、室内设计员的职业岗位方向为室内设计，可担任室内施工员的职业岗位方向为室内装饰工程施工。本专业注重培养学生综合素质与创新能力，注重建筑装饰文化与设计融合，使学生具有很强的室内装饰设计表达能力和建筑装饰设计创新能力。

（二）培养规格

本专业以室内设计员、室内施工员国家职业资格、助理室内建筑师行业职业资格的标准来界定人才培养规格。

1. 职业能力要求

熟悉本行业技术现状及发展趋势，掌握基本的设计原理和方法，建立可持续发展的知识基础。能够运用美术知识、空间造型设计知识、效果图表现知识，并结合建筑装饰行业制图规范和标准，完成材料的选样以及工程预决算，进行建筑装饰施工工艺指导，协助项目负责人完成设计项目的施工管理与竣工验收，组织专业人员按照建筑装饰行业规范和标准完成各工程项目并通过验收。熟悉企业运作规范，具有良好的职业道德，具有良好的身体素质和心理素质，团结协作的团队意识，诚实守信的做人态度。

2. 职业资格要求

室内设计技术专业职业资格证书是指国家认证的室内设计员（中级)、装饰施工员（中级）证书以及行业认证的室内建筑师职业资格证书。在校三年中，要求学生通过学习和培训，提高专业技能，获取“双证书”（即学历证书和职业资格证书）方可毕业。

二、课程体系

室内设计技术专业人才培养模式是“以市场需求为导向，以工作过程为导向，以科学方法论为指导”的理念来构建“项目群”课程体系的，开发流程为：建筑装饰行业市场调研→室内设计技术专业岗位定位→典型工作任务及职业能力分析→职业行动领域→确定学习领域→学习情境开发。

（一）构建以职业能力为核心的“项目群”课程体系

专业教师与行业专家、企业领导、资深技术人员共同合作，以行业技术领域、职业岗位（群）任职能力要求为依据，归纳典型行动领域，将室内建筑装饰设计素质要素整合。

岗位技能课程设计以表现项目群、施工员工作流程为参照，将相关知识按照“注重实践，理论够用为度”的原则进行整合。“项目群”课程体系的排序以真实的职业工作过程为参照，突出创意与审美能力。在“项目群”的课程体系中，模块组合充分体现就业优势、创新能力、终身教育基础和发展空间。

（二）以室内设计工程项目为载体开发课程

在确定专业课程体系后，项目群的课程开发以职业能力培养为核心、以室内设计工程项目为载体、以职业教育教学论和方法论为指导。以项目为载体，将传统学科知识进行解构，并按照实际工作任务实施的过程进行重构，构建以项目为载体、基于工作过程导向的学习情景，将理论知识与实践知识整合。课程内容以学习情景为表现形式，实施以项目为载体的工作过程的课程观。为培养职业能力的教学目标，进行“教学做一体化”的教学，是一种全新的职业教学模式的试验。

（三）以行动为导向改革教学模式

教学模式以能力为目标进行创新设计，如《民族建筑装饰与应用》核心课程构建了五同步教学法，将课程内容和教学目标按实际项目的工作过程设计为创新认知、创新决策、创新构思、创新表达、创新评价的教学领域内容和目标，对应五个典型的学习情境，每个典型学习情境教学又分为咨询、计划等六个教学和实训过程，以虚拟工程项目案例和实际工程项目为载体，实现培养学生创新方法能力的教学目标。

1. 工程现场引导式教学方法。教师通过现场带领学生观摩，分教学专题，激起学生学习优秀商业设计文化的兴趣和情感。

2. 小组合作调研式教学方法。对于市场调研、现场体验、情景教学和项目讨论等教学方法的实施，通常按 2～10 人一个小组，分小组合作以调研形式进行教学。

3. 设计小组探讨式教学方法。教师分工负责若干学习小组，以师生互动探讨式的教学方法，让学生领会和把握方法的路径、程序和手段，保证教学的顺利实施。

4. 工程项目任务驱动式教学方法。如“南宁市中山路改造”项目等重点学习性任务采用项目任务教学法，布置项目任务，师生共同讨论制定任务方案，以学生为教学过程的主体，教师起到教学指导，帮助作用，对学生项目实施方案设计的专业能力、调研和信息收集的方法能力、与人沟通和团队合作的社会能力等进行考查，以达到良好的教学效果。

三、教学组织与运行

室内设计技术专业人才培养方案的教学组织、运行与管理、课程评价和考核均与工学结合，以职业能力为核心。

（一）校企合作构建工学结合人才培养模式

校企合作进行课程体系构建。构建岗位关键能力体系，构建“项目群”课程体系，校内成绩考核与企业考核对接。

与课程建设专家、行业企业专家组成课程建设团队，对课程进行开发与建设，校企合作进行实训室建设。制定实训实习基地管理制度和运行机制，校企合作进行师资队伍建设。增强专业教师团队实践教学能力。参与核心课程的教学、生产性实训指导，参与专业建设、课程建设与技术研发。

（二）工学一致改革教学方法

创新的教学体系和教学手段设计的主要任务是理论的知识点如何与实践的能力点有机结合，课程以工作项目为中心，基于工作过程和行动导向，落实教学以学生为主体，学生反映很好。

“学习领域项目”的教学方法是多元化、多样化和不拘一格的，主要采用工作室教学、情境教学、案例教学、项目驱动、工学交替、模拟实习等多种教学方法。

（三）课程评价与考核要求

建立标准范式体系，包括对应职业岗位能力的“学习领域项目”的质量标准和多样化的校企合作、双位评估的考核模式。

室内设计技术专业的课程评价与考核要求是职业行动能力的全方位评价，专业技能的评价以行业标准为评价依据。方法能力评价和社会能力评价构成 Σ= 行业标准 70%+ 方法能力 15%+ 社会能力 15%。

评价体系实施学生与教师互评的方式，相互促进、共同提高。

四、教学实训

“项目群 2 ＋ 1”人才培养模式基础的教学条件是校企长期合作的有相当资质和规模的企业为龙头的企业群，共建专兼结构的专业教学团队，共同开发行业教学资源、承担教学和实训任务，建设能够承担学生 1 年期顶岗实习任务（包括分阶段实训）的校外实习实训基地。

（一）教师资源配置

教师实践能力与教学能力强，还能担任实训教学和创作实践教学。专业学术水平位于行业学科前沿。本专业本着“扩大总量、提高素质、稳定骨干、造成名师”的理念，多途径、多渠道地加强师资队伍建设，提高教师的综合素质，为本专业的可持续发展提供强有力的人才支撑。

（二）实训条件配置

建立集教学、培训、职业技术鉴定和技术研发的示范性实训基地，拓展社会化的服务功能和规模，以产养学，产学双赢。学校提供场地，企业投入设备、技术和师资，学校建设仿真公司，学校与专业教师共建设计工作室，对内负责“项目群”生产性实训，体现教学过程的实践性、开放性和职业性。拓展校外实训基地加大了校企合作力度。

1. 仿真建筑装饰公司

公司能完成专业毕业设计的仿真实践及建筑装饰工程项目的策划、设计、施工、招投标等实训任务。营造企业的真实环境氛围，使实训教学更接近生产实际。

实训室均按真实装饰公司场景与社会服务一体化的要求来设计，划分为三个功能区域：“方案讨论区”“设计工作室”“绘图区”。

项目教学实训区：主要功能是开展项目教学和生产性实训，教师可以利用投影机与电子教室等手段指导学生同步操作。

设计工作室：供专业教师与学生开展生产与技术服务，完成各种项目设计任务。

绘图区：主要为学生开展实际绘图实训教学。

2. 室内虚拟漫游实训室

实训室主要完成数码辅助设计实训及设计表达项目群课程的实训，并开展“CAD 工程师”“动画设计师”等职业资格培训与认证工作，发挥社会服务功能。

3. 模型制作实训室

实训室能完成室内空间设计项目群等课程的模型制作实训教学环节，对外承接房地产企业模型制作工程项目。

4. 装饰材料实训室

实训室能完成室内空间设计项目群、施工技术管理项目群等课程的实训环节以及室内建筑师、室内装饰设计员等职业资格培训、认证的教学环节。

5. 装饰施工工艺实训室

实训室能完成施工技术管理项目群等课程的实训教学。了解和制作实物工艺构造，掌握各种装饰制作工艺过程，可作为完成室内装饰设计员资质认证及装饰工程人员（含装饰镶贴工、金属工、打胶工、木工、图裱工）、装饰材料员、预算员、造价员、施工员、质安员等国家职业资格鉴定与培训的场所，发挥社会服务的功能。

6. 建筑与环境设计所

与有关建筑装饰有限公司合作创立建筑与环境设计所，主要用于承接项目，师生以及企业人员共同参与项目。

（三）教材资源

与行业企业共同开发紧密结合行业发展实际的教学实训教材，配合项目群课程教学，实行校企合作，涵盖相应职业资格标准应知知识。专业生产性实训教材参照相关职业资格标准和典型项目案例编写，具有职业性、实用性和可操作性。

（四）生产性实训与顶岗实习

根据室内设计员、施工员职业岗位群要求，本专业实训教学本着由浅入深、由简单到复杂的综合项目训练原则，专业实施“四阶段、四结合”的实训教学模式，项目群的实训为校内学习实训 2 年，生产性实训教学全部在校内公司和实训基地完成。

第一阶段是认知实训。目的主要是培养学生对专业、设备和工作环境的感观认识。认知实训主要通过企业参观和社会实践等方式进行。第二阶段为非生产性的基本技能实训。掌握室内设计技术专业的基本操作规则，基本技能实训以制图为主，主要在校内实训室进行。第三阶段为生产性实训。第四阶段为顶岗实习。顶岗实习以“准员工”标准要求学生，从而使学生能够独立处理职业岗位的各种技术问题，能够完全胜任本专业的岗位工作。

3. 四结合

四结合为：①单项实训与综合实训相结合。②毕业论文与毕业设计相结合。③课内实践与课外实践相结合。④集中实训与分散实训相结合。

实训基地以仿真建筑装饰公司为核心实施公司运行与管理制度创新相结合，设有设计部、工程部、业务部。项目走到哪，实训就跟到哪。设置独立承包装饰工程项目等各种形式和途径，制定《仿真建筑装饰公司管理制度》《仿真建筑装饰公司项目管理制度》，建立激励项目运行机制，形成可持续发展。

五、实训案例延伸

（一）实训教学方法

1.案例教学法

结合章节中的教学重点和难点，引入真实室内设计案例，深入分析讲解工程案例的成功点和学习点，案例教学法通过典型设计的直观学习使学生较快地掌握设计理论知识和职业岗位设计核心能力。

2.现场教学法

带领学生进入真实工程工地现场，教师现场讲解，学生现场观察和测量。现场教学法便于学生更直观地了解工作环境和岗位工作任务，熟悉工作环节，强化动手能力。

3.角色扮演教学法

学生扮演设计师角色，接手真实项目进行设计实训，教师扮演甲方，对设计进行评析和考核。角色扮演教学有利于加深学生对就业岗位、工作流程和工作任务的认知程度，凸显职业性教学特色。

4.项目教学法

引入真实家装设计项目进行实训，引导学生按职业岗位工作流程来顺利完成工作任务，强化职业核心能力培养。项目教学法还可以使学生的设计作品成为应用型产品，有助于激发学习兴趣，增加其学习动力和成就感。

5.分组辅导教学法

学生以三四人为单位自愿组合成项目设计小组，并根据项目实际情况分派设计任务，组员通过分工协作完成整体项目设计任务，教师以小组为单位进行项目设计辅导。分组辅导教学法有利于学生职业素质的提高，尤其是团队协作精神的培养。

（二）考核方式

实训采取过程与结果结合评价的方式，在设计项目完成并达到实训任务要求的基础上，还要结合课堂提问、角色扮演等过程表现进行评定，如果不能按要求完成实训任务或达不到实训项目的要求，并不能视实训过程者为合格。

设计综合实训考核满分为60分，其中实训态度和过程表现占20分，实训方案（作业）占40分，实训成绩由校企专兼职教师根据实训综合表现评定。

（三）实训注意事项

1.教学案例的选取要具有前沿性和代表性。

2.现场教学要注意安全，防止意外事故发生。教师在带队进入施工工地之前要对学生进行安全常识讲解。

3.实训教学中的项目要具有真实性、可操作性和生产性。

第四节　室内设计的实践应用

一、绿色理念在室内设计中的实践应用

近些年来，随着社会的发展和进步，环境的污染成为人们最为关注的社会问题，这已经成为不可逆转的趋势。绿色理念在室内设计中的应用对于建筑业的发展具有积极意义。

（一）绿色设计理念

绿色设计概念是基于社会不断进步和发展中出现的环境污染大背景下而提出的，经过多年发展，对于绿色设计仍没有形成统一的定义。必须坚持以人为本的原则，从而为人们创造出更好和更舒适的生活环境，最大限度地减少对生态环境的污染。

从本质上说，绿色设计不是说建筑的设计一定要对自然进行模仿，室内的绿色设计也不是简单地在室内摆放绿色植物，具体如何进行应用，需要深入分析和研究。

（二）绿色室内设计原则及方式

1. 绿色空间设计

人们对于室内的环境需求是室内设计的首要原则和标准，这需要在设计时营造一种比较舒适的生态环境。

首先要引入自然景观。设计师在进行设计时，要将自然环境中的一些景观因素进行添加，如花草、山石等。当前随着人们对于生态环境意识的增强，市内空间中出现越来越多的绿色陈设。与此同时，在对室内进行设计时，也更加注重对室外环境的铺设，通过借景方式将室外的自然景观借入到室内，从而形成了室内外空间的流通性，让居住者能够享受到自然景观的意趣。例

如，比较出名的流水别墅就是将室内的空间进行延伸，穿插到室外的空间中去，使得内外的环境相互交融，自成一体，而热带地区的度假酒店也是这种理念，不同的是，度假酒店所做的工作是利用特殊的设计方式将建筑对环境的干扰降到最低，室内的窗户通过精心的设计与室外的自然景观进行对应，通过窗户使得室外的自然景观成了框景，建筑与自然环境就形成了互动。

另外要将室内的功能空间进行适当改造，但不能够破坏原有建筑结构，要使室内的空间尺度更加适合居住，对于功能空间的设计要更加合理。在对建筑进行设计时，室内设计师要与建筑总设计师一起就室内功能空间进行探讨，避免重复设计，最大程度地节省资源。

2. 对生态美学的追求

生态美学是生态学和美学的有机结合，它包括了人与自然的生态审美的关系，比较侧重人与自然的和谐相处，从而实现自然美与人文美的有机结合。

从科学和哲学上来讲，人类不是独处的，只是自然的参与者。人类的生产活动不能够脱离人类而存在，也不能脱离自然的范围。这就要求在进行室内绿色设计时，一方面要遵守生态的规律以及美的法则，通过室内的绿色设计来最大限度地满足良性的生态系统要求；而另一方面要将科学的手段与人的创造才能进行结合，对自然进行适度和科学的改造，人工创造出生态美的环境，以此来达到自然环境与人工环境的融合，从而满足居住者的居住需求。

3. 绿色建材的应用

绿色建材就是采用清洁的生产技术，无污染、无毒害的建筑材料，与传统建筑材料相比，绿色建材更加节能、环保，可回收性也比较强。

绿色建材的宗旨就是为了能够改善自然生态环境，以此来提升人们的生活质量，而当前环境污染的问题愈发严重，这使得要在建筑的设计上贯彻绿色理念，需要将对人体以及周围环境的危害降到最低。室内设计的重要内容就是将绿色材料进行有效利用，这是当前比较关注的，而在现代室内设计中，个性化需求以及超强的环保意识使得人们更多地渴望回归自然，加上相关技术处理，能够在室内增添更多的自然元素。

在进行设计时，可以利用一些木材、竹类等材质，利用它们自然材质的色彩和质地来与绿色设计的理念进行结合，从而达到一定的效果，这需要设计师能够对绿色材料的美感进行挖掘和分析，这样才能够发现材料中所蕴含的美学价值。

（三）绿色设计理念在室内设计实践中的应用分析

1. 绿色设计在室内装修中的应用

当前，室内的装修设计在室内设计中所占的比例越来越大，运用绿色设计理念来降低能耗就变得无比重要。

（1）绿色空间布局

在进行绿色空间布局时，应该实现个性化以及舒适度的结合，在最大限度内利用好采光以及通风等自然资源，从而使得室内空间更加有生命力，积极向上。与此同时，要提升对室内空间的利用率，重视室内空间实用性。

（2）使用新型工艺和环保装饰材料

对环保装饰材料的要求主要是要符合装饰功能、环保属性以及经济性，这是前提和原则。对装饰材料的环境性能和使用性能进行综合性考虑，多方面和多维度进行比较，从而挑选出最适合的绿色装饰材料，降低材料对人体以及环境的影响程度。

环保装饰材料应该能够满足排放或者少排放一些有害成分，其耐久性能越出众，对于管理和维护工作就越简便。通常来说，制造过程比较复杂的装饰材料，其成本通常比较高，而消耗的能源也比较多，因此，需要在考虑其耐久性基础上，尽可能选择能耗低的材料。与此同时，还应该考虑材料运输问题，尽量选用本地生产材料，这样对生态环境的破坏小，尽量不要现场制作装饰，这会造成污染。

2. 绿色设计在室内物理环境设计中的应用

（1）通风设计

保障人体的健康需要有新鲜空气，这是比较重要的一个条件，而根据室内空间布局，要对室内通风进行着重设计，通风方式要灵活，最大程度内实现对自然风的利用，这也能够体现出绿色设计理念，通过自然风能够对室内空气进行改善，降低能耗同时保证人体有充足而新鲜的空气。

（2）人工照明以及自然采光

随着科学技术进步，当前对于人工照明的依赖程度越来越严重，但是自然光对于人类的身心健康更加适宜。基于此，在室内要尽可能地利用自然光，这也能够体现出绿色设计的理念，这需要对建筑的室内空间进行充分分析，加以利用或改造，改变窗户位置以及数量，而如果必须要采用人工照明设备时，就要选用比较节能和高效的灯具。采用这种灯具，不仅能够提升灯具的使用效率，还是另一种形式的节能，减少热能产生，提升光照程度。

3. 绿色设计的理念在室内陈设艺术设计中的应用

（1）引用绿色家具

绿色家具就是指零散发或者较少散发对人体和环境不利的物质的家具，室内设计中需要着重考虑的因素就是家具，这是其重要的组成部分，也是人们居住不可或缺的物体。在进行家具的选择上，不仅要对其做工、款式以及价格进行关注，同时要考虑其对人体以及环境的友好程度。一般来说，要选用一些自然材质制作而成的家具，如藤家具、竹家具等。

（2）引用自然要素

通过对自然景观的引入或者再现来实现室内空间的适宜性和生态性，来增加室内空间的生命力，以此满足人的生理以及心理需求。通常来说，设计师在引入自然景观时，通常会使内外的空间相互流通、使用地方性的材料等方式来体现绿色设计的理念，从而能够使其在室内设计中得到实际应用。

4. 合理利用水资源

在进行室内设计时，为了最大限度地体现绿色设计的理念，通常会在室内设计时引进很多的绿色元素，一般的做法是使用大量盆景，而盆景维护需要进行定时浇灌，但是如果人工浇灌，会占据人们大量休闲时间，基于此，需要将绿色元素与当今科技进行有效结合，从而设计出自动浇灌花卉和盆栽的水循环系统。在进行室内设计时，要设计一个专门蓄水池，将一些废水进行集中回收，对水池的水量要进行检测，设定一个水位线，当超过后就自动进行排放，还需要引进一个污水处理设备，对这些废水进行简单的过滤处理等。与此同时，还需要进行定时，根据植物生长规律按时进行灌溉。如果盆景比较多，就需要在盆景中心设立一个喷水灌溉系统，以此来解决装置问题，实现灌溉自动及智能化。

二、室内设计“人性化”的实践应用

人性化设计就是在设计初力求从美学等多角度达到完美，从而实现物质合理利用，达到“为人服务”的最终目的，满足人性自然属性中的基本需求。依据人的思维方式、行为习惯、生理结构和心理状态等对“设计”本身进行优化，使用过程中能够在生理、心理包括精神追求上得以满足。人性化的设计很大程度上和可用性设计紧密联系在一起，以科学技术为基底，使“设计”更富美感，更符合使用者的需求。

（一）空间与人性化设计的关联

室内空间设计是个重要内容，从人性化含义上来说是空间合理的组织。以人为本，构建合理的空间布局。通过多样化的空间组合形式满足人在精神层面上的需求。

以厨房为例，厨房应该整洁、卫生、使用和操作方便，让使用者在操作时能够享受一份悠然自得。厨房空间与内部环境的人性化可从下面几个方面探索。

厨房属于共用区，应当远离像书房、卧室等相对私密性的空间，避免厨房使用时对该空间的影响。卫生间和厨房是主要用水空间，应该靠近配置，但要注意的是厨房属于食品加工空间，而卫生间在起居中具有排污的作用，以卫生起见，两空间门口不应相对。

厨房空间布局至关重要，设计最佳的流程区域，根据使用者的习惯确定工作流线，能让使用者节省时间。

厨房是食品加工空间，会产生对人体和环境有害的气体，要保证通风良好。

储存功能完备的厨房是人性化设计中的一大亮点。厨房里餐具、炊具多不胜数，什么样的炊具放什么地方使用起来会更加方便都要仔细考虑。

（二）人性化设计中的色彩应用

随着时代的发展，人们对“人性化”设计越来越重视。色彩作为室内设计重要构成元素之一，具有明显的心理作用，准确掌控色彩的特性能够使色彩特征与功能需求完美结合。色彩的运用要能够满足现代人的审美需求，能够真正地传达出使用者在这个空间中想要得到的心理诉求。

色彩应用与室内环境的面积大小，当地习俗、文化以及使用者的性别等有着密切的联系，比如老年人不求华丽，一般喜欢稳重、安静、古朴的色彩，宜用浅色，浅蓝给人安静感，对修身养性大有好处，较色彩鲜艳、明度高的暖色系会有突出的效果，显而易见，比如在相对狭小的房间里，感觉到空间更高了，墙体使用较为浅淡的色系能够影响到人的情绪，深色会给人忧郁、压抑感，对孩子健康成长不利。

第五节　室内设计与其他学科的联系

一、室内设计建筑学

建筑工作是一种非常复杂的工作，有功能、形式、技术的要素，又与社会、自然有着复杂的关系，一幢高楼大厦是由许多建筑工作者相互配合完成的。

在众多工作人员中，按处理建筑的功能和形式分工，具体又可细分为结构、给排水、供暖通风、电路照明等不同专业，监理师负责监督工程质量。建筑设计和室内设计之间有整体设计的相关性。有些情况下，二者需要共同进行完整的建筑、室内设计和二次设计，可以弥补原有建筑设计的不足之处。

纵观整个建筑史，无论是西方古典建筑，还是西方现代设计大师的作品。在现今时代，这两者仍然在功能、技术、形式等方面有很强的相关性。

（一）功能方面

从使用角度考虑，建筑设计中的功能较为宏观，其设计重点在于总体的空间功能划分，而室内设计则较为微观，其重点在于单个空间内部的功能细化。所以两者的功能关系是全局和局部的关系，全局决定局部，局部在考虑全局的基础上调整。

（二）形式方面

从人们对事物的审美观来看，建筑作为一个整体，其外观设计和室内设计的风格和理念应该尽可能追求和谐统一。当然，这种要求不像功能和技术方面的相关性那样绝对，在单一建筑物而多使用者的情况下强调统一也就脱离了实际，成为理论家的空谈。

（三）技术方面

从结构考虑，虽然建筑设计已决定了结构体系，室内设计不能再对其进行改变，但结构体系对室内设计的影响确是显而易见的，结构影响室内空间的再次划分和空间的形态。在特种结构中，结构还是独特的室内空间造型因素。

从施工考虑，在单一建筑物多使用者的情况下，不同时间段的室内施工会对其他使用者产生很大干扰，后续室内施工也会对原有的建筑有所破坏。所以，从施工角度看，现今这种建筑和室内施工完全分离的状况也会逐渐改变，趋向统一施工。

以上从功能、技术、形式方面看建筑设计和室内设计的相关性，只是列举几个有代表性的方面，并未涵盖所有问题。实际这两者的相关性从任何角度看都是必然的，因为建筑和室内是一个整体。

二、室内设计美学原理

室内设计美的价值在于实用，是实用与审美的统一，首先在于满足人们对物质生活的需求，其次才是美的需求。因而，再美的室内设计，如果不具备实用功能，也就失去了存在的价值和美的价值。室内设计作品的美绝不是为美而美，而要“适得其中”，这是室内设计的基本美学特征。

室内设计不是纯艺术，与绘画艺术在创造的目的性上有着根本差别和不同的评价标准。

（一）室内设计作品有丰富的审美内涵

室内设计具有精神领域的美学特征，有丰富的审美内涵。它是“按照美的规律来造型”，传达设计者的文化层次，只有在充分揭示其美学价值时才能得以实现，它运用审美手段去表达设计主题，又通过审美去实现其传递信息功能。

在艺术的认识、教育、审美三个作用方面，室内设计作品的审美作用占有突出地位，它主要通过审美创造活动达到认识教育的作用，对人们的思想有潜移默化的影响，给人们以美的享受。

它依靠经过艺术处理的、富有感染力的室内空间形象和造型语言、质感，给人以强烈的、鲜明的视觉感受。一个毫无美感的、缺乏艺术感染力的室内设计作品难以完成从作品到产品，从而实现其商业化的宗旨。

室内设计艺术重要的美学特征在于“达意”，即正确、真实地表达室内空间本身的个性、特征，通过美表达出“真”（产品的真实可信）和“善”（产品的质地优良）。

“真”是美的基础，这是室内设计艺术表现的重要前提，在商品或服务信息的传递上一切要立足于真实，不虚假和伪善。

“善”是要表达室内空间设计的实用价值，是对社会、消费者的直接功利，实现了善才可能有美的存在。

“美”必须建立在真、善基础上，但美最终是为了真、善。只有三个方面的高度统一，室内设计艺术的艺术美才得以充分体现。

（二）室内设计的程序与步骤

良好的室内设计程序与步骤是保障室内设计的前提，一般分为四个阶段，即设计准备阶段、方案设计阶段、施工设计阶段和设计实施（施工）阶段。

1. 设计准备阶段

（1）接受委托任务书，或是根据标书要求参加投标；

（2）明确设计期限，制定设计计划进度表，考虑各设计人员的配合；

（3）明确设计任务和要求，如室内的使用性质、功能要求、造价等；

（4）收集并分析有关的资料信息，熟悉设计的有关规范、现场勘测等；

（5）签订合同，设计进度安排，与业主商议确定设计费率。

2. 方案设计阶段

（1）进一步收集、分析资料与信息，构思立意，进行初步方案设计；

（2）确定初步方案，提供设计文件，包括平面图、天花图、立面展开图、彩色表现图、砖石材料实样、设计说明与造价概算等；

（3）初步设计方案的修改与确定，或参加投标。

3. 施工设计阶段

（1）补充施工所必需的有关平面图、室内立面图等图样；

（2）构造节点详图、细部大样图、设备管线图；

（3）编制施工说明和造价预算。

4. 设计实施（施工）阶段

（1）设计人员向施工单位进行设计意图说明、图样的技术交底；

（2）按图样检查施工现场实况，有时要做必要的局部修改或补充（修改或补充要出示设计变更联系单）；

（3）会同质检部门和委托单位进行工程的验收。

在各阶段，设计人员都需要积极与委托方、施工单位联系、协调，以取得沟通和共识；抓好设计各个阶段的环节，充分重视与设计、施工、材料、设备（水、电、暖通等）等各方面的衔接；重视与原建筑物建筑设计的衔接，以期获得理想的设计效果。

三、室内设计材料学

装饰材料是构成室内设计本体不可或缺的重要因素之一，不恰当地使用材料会影响设计的价值和它的生命力。只有正确地把握材料特性，才能使设计更加完美。许多出色的设计作品，重要因素就是材料所发挥的视觉感染力，亦有精拙、文野之别，同时，不同施工方法也会带来不同形式感。

（一）装饰材料的质感

所谓质感是指材料本身的属性与加工方式所共同表现在物体表面上的视觉感受。

由于各种装饰材料的分子结构、密度不同，材料具有不同性状，其表面也体现出不同特征。

人对材料的感知主要通过触觉和视觉来获得，由触觉获得的经验如：软与硬、粗糙与细腻、材料的温度感等，都可由经验直接由视觉判断来获得。

材料表面的质感也可以因人为加工而改变，如刨切、刻画、研磨、敲击、锻压等，都会使天然材料的表面发生变化，这种变化能够体现出人工的精巧、细腻、严整和规范。

在多数情况下，天然材料都需要经过适当的人工处理。要充分表现材料的质感，不仅应考虑材料的特性，运用对比的手法相互映衬，还要配合光线、色彩、造型等其他视觉条件，比如贴近物体表面侧向投射的光线可以使粗糙的材料显得更凹凸不平，增强它的立体感，而垂直投射的光线，则可以减弱或掩盖墙面不平的缺陷。

由于施工材料的丰富性和复杂性，材料的质感也很难用语言准确地表达清楚，但我们可以使用一些相互对立的概念对其进行概括、区分，以便我们在设计和选择材料时，能够恰当地把握材料。装饰材料的外观质感大致上可以分为粗犷与细腻、粗糙与光洁、坚硬与柔软、温暖与寒冷、华丽与朴素、厚重与轻薄、干涩与润滑、锋利与迟钝、清澈与混沌、透明与不透明等。

了解和体会各种不同材料的质感是进行材料计划的基础，只有在积累了对各种材料的感性认识基础上，才有可能在众多材料中做出恰当选择。

（二）装饰材料的分类与加工

室内材料的范围非常广泛，大致上可分为木材、石材、金属、陶瓷、玻璃、纺织品和塑料等基本类型。

1. 木材

木材为用途广泛的室内材料之一。凡墙壁、门窗、地板、天花板的构架以及家具、器物和陈设的制作均优先考虑采用木材做原料。木材是一种质地精良而感觉优美的自然材料，它的强度坚硬、韧性好，不仅易于施工，而且便于维护。另一方面，它的纹理精致，色彩温厚，不仅利于塑形，而且适于雕琢。基于这些优点，木材成为古今中外普遍珍视的天然材料之一。然而，木材最为显著的缺点是易于变形，当含水量发生变化时，容易产生膨胀、弯曲、开裂等现象，同时会有节疤、脂囊、缺边、变色、腐朽和虫孔等弊病。边材并无显著差别。

木材的属性因种而异，甚至同一株木材的各部分也略有不同。

干燥木材的重量和密度与其强度有密切关系，重量大则强度高。普通木材单位重量相差很大，差距一般约为 100～400g·L^{-1}。

木材的强度很不一致，常因种类、纹理方向，片段含水量和加工方法的不同而异。与木纹平行的、顺纹方向的强度与垂直的、横纹方向的强度相差几倍至几十倍。含水量 3.5% 的干木强度，亦较含水量 25% 的湿木强度相差 1 ～ 2 倍，但水分超过某种限度以后，由于细胞含水量已经饱和，强度则不再因水分增加而减弱。木材的韧性非常好，能耐较大变化而不折断，其抗冲击力比铸铁还要大。木材强度主要包括抗压、抗剪、抗拉和抗挠等，其中与硬度的关系最为密切。

木材的湿度以含水量为标准。原则上，干木含水量在 18% 以下，半干木在 18%～23% 之间，湿木在 23% 以上。已经干燥的木材在空气中亦能吸收水分，故干燥度只是一个相对概念。完全干燥的木材实际上是不存在的。

收缩与膨胀木材干燥时常因细胞膜失去水分而引起收缩现象，最大的收缩处在与年轮相切的方向，较小的收缩则在沿年轮半径的方向。木材各部分的干燥度不相等时，干燥快的一面收缩较大，常向内弯，形成翘曲现象。如果烘干过快时，将造成表面硬化，导致开裂。为防止表面硬化，在人工烘干之前常采取自然风干的步骤。另一方面，干燥木材仍可吸收空气中的水分产生膨胀作用，使木材无法长久保持稳定性。

色泽木材的色泽决定于细胞壁中的化学物质，心材含有的这种物质较多，故色泽较深暗，边材则相反，色泽常较浅淡，但同一树种木材的色泽常有很大差异，例如，柳杉心材的色泽有淡红、暗褐或深红等。大多数木材暴露在空气中，会因细胞壁内物质的氧化作用而逐渐变暗。例如，杉木心材多为紫褐色，时间久了以后逐渐变为暗黑色。木材的用途、外观和稳定性决定切割方法，通常有三种：直锯切、分段锯切、径向锯切。不同的切割方法会形成不同的木理。

直据切锯刃与木材年轮相切。首先将圆木最外面锯去一块，然后沿木材纵向制材。木材表面的木节呈圆形或椭圆形，对木材强度减弱的作用较小。

径向锯切将圆木先锯成四块，然后再分别切成板材。切割线与年轮成65° ～ 90° 不等的角度。木板表面的年轮与木理相互平行，年轮出现的情况视锯切方式不同而呈直线形或近似U字形。

阶段锯切方法与径切法相近，通常为45° 的锯切法。年轮呈纵长线出现，髓线亦沿纵长方向显示。

2. 石材

饰面石材分天然与人造两种。前者指从天然岩体中开采出来，并经加工而成的块状或板状材料的总称，后者是以前者石渣为骨料制成的板块总称。

天然大理石是指变质或沉积的碳酸盐类的岩石，组织细密、坚实、可磨光，颜色品种繁多，有美丽的天然颜色，在建筑装修中多用于饰面材料，并可用于雕刻，但由于不耐风化，故较少用于室外。大理石一般技术指标为容重2600～2800kg $\cdot$ m^{-3}，抗压强度100300MPa，抗剪强度7.8 ～ 16MPa，肖式硬度45度，吸水率小于1%，耐用年限为150年左右。

天然花肉石花岗石属岩浆岩，其主要矿物成分为长石、石英、云母等。其特点为构造致密、硬度大、耐磨、耐压、耐火及耐大气中的化学侵蚀。其花纹多为均粒状斑纹或发光云母微粒。花岗石为建筑装修中最高档的材料之一，多用于内外墙和地面装修，有“石烂需千年”的美称。花岗石一般技术指标为容重2700kg $\cdot$ m^{-3}，抗压强度为120～260MPa，抗剪强度为1.3～1.9MPa，空隙率及吸水率均小于1%，抗冻性能为100～200次冻融循环，耐酸性能良好，耐用年限200年左右。

世界天然石材饰面板材的标准厚度是20mm，但厚度为12～15mm的薄形板材的用量日趋增多，最薄的厚度达到7mm。与此同时，还研制了一批薄形板材的专用施工机具，加工技术也有了较大发展，主要表现在加工花岗石的框锯规格越来越大，并且出现了可以锯切超薄形花岗石大毛板的框架锯，另外花岗石薄板多锯片双向切机已发展到可装直径达1600mm的圆锯片，可直接从荒料上切宽600mm、厚7mm的板材。这表明，花岗石产品规格会越来越大，越来越薄，使得用户更乐于直接购买个人所需的规格板材，在施工现场按实际需要现铺现裁。

人造大理石、人造花肖石以石粉及粒径3mm左右的石渣为主要骨料，以树脂为胶结剂，经搅拌、注入钢模，真空振捣而一次成型，再锯开磨光，切割成材。其花色或模仿大理石、花岗石，或自行设计，抗污力、耐久性及可加工性均优于天然石材。

水磨石指用水泥（或其他胶结材料）和采石场采出的荒料，一般需以石材加渣为原料，经过搅拌、成型、养护、研磨等，按用户要求加工成各类板材或其工序，制成一定形状的人造石材。

抛光是石材研磨加工的最后一道工序，使石材表面具有最大的反射光线的能力以及良好的光滑度，并使石材固有的花纹色泽最大限度地显示出来，使石材具有硬度感，表现细腻的内涵。通常白色板材比黑色板材容易抛光。

烧毛加工是将锯切后的花岗石板材，利用火焰喷射器进行表面烧毛，使其恢复天然表面。烧毛后的石板先用钢丝刷刷掉岩石碎片，再用玻璃碴和水的混合液高压喷吹，或者用尼龙纤维团的手动研磨机研磨，以使表面色彩和触感都满足要求。火焰烧毛不适于天然大理石和人造石材。

琢石加工是一种用琢石机加工，由排锯锯切的石材表面加工方法，适于30mm以上的板材，可凿成各种图案及肌理效果。

3. 玻璃

玻璃作为建筑装修材料不再像过去单纯作为采光材料，现用着色、磨光、刻花等办法来提高装饰效果。玻璃主要可分为以下几个品种。

平板玻璃生产沿用“引上法”，经快冷后切割而成。当内部有玻筋，物象透过玻璃会歪曲变形，所以，现已开始被浮法玻璃所取代。

浮法玻璃是使熔融的玻璃液流入锡槽，表面平整、光洁，且无玻筋、玻纹，有光泽，透光率大于84，规格同平板玻璃。

磨砂玻璃又称毛玻璃、暗玻璃，由于表面粗糙，只有透光性而不能透视，常用研磨材料有硅砂、金刚砂、石榴石粉等。

夹丝玻启夹丝玻璃也称防碎玻璃或钢线玻璃，将预热处理的铁丝网或铁丝压入玻璃中间而制成。表面可以是压花的或磨光的。

光致变色玻璃是一种在温度升高时（如在阳光照射下）呈乳白色。它的特点是强度高和刚度大，在建筑中经常采用大型波形玻璃做天窗。波形玻璃的抗弯强度比平板玻璃高9倍，其透光度为70%～75%，夹丝波形玻璃的透光度为53%～57%。

电热玻璃由两块浇铸玻璃型料热压制成。电热丝用肉眼几乎看不见。这种玻璃上不会发生水分凝结和冰花等现象。

玻璃空心砖是用两块玻璃经高温压铸成的四周密闭的空心砖块，空心砖用的玻璃有光面的，玻璃空心砖用来砌筑透光的墙壁、隔墙以及楼面。玻璃砖有单腔和双腔两种。玻璃锦砖亦称玻璃马赛克，与陶瓷锦砖在外形和使用方法上有相似之处，背面略凹，四周侧边呈斜面，有利于与基面钻结牢固。

第七章　室内设计的实训指导

第一节　室内设计的职业特征

一、室内设计师室内设计理论

（一）国内室内设计的发展

原始社会西安半坡村的方形、圆形居住空间，其入口和火炕的位置布置合理。圆形居住空间入口处两侧设置有起引导气流作用的短墙。

早在原始氏族社会的居室，新石器时代的居室遗址里，即使是原始人穴居的洞窟里，也有室内设计的思想和理念。

（二）国外室内设计的发展

公元前古埃及贵族宅邸的遗址中，地上铺有草编织物。古埃及卡纳克的阿蒙神宙大柱厅内硕大的石柱群和极为压抑的厅内空间是其精神功能所需。

古希腊雅典卫城帕提隆神宙的柱廊，体现了精心推敲的尺度、比例和石材性能的合理运用。从古罗马庞贝城的遗址铺地的大理石地面中，可以看出当时的室内装饰已相当成熟，是当今公共建筑内中庭设置最早的原型。

欧洲中世纪和文艺复兴以来，艺术风格更趋成熟，至今仍是我们创作时可供借鉴的源泉。

1919 年，在德国创建鲍的豪斯学派，倡导重视功能，在建筑和室内设计方面，鲍豪斯学派的创始人格罗皮乌斯当时就曾提出："我们正处在一个生活大变动的时期，新社会正在形成之中。"

二、室内设计的职业特征

按国家职业标准，由中华人民共和国劳动和社会保障部制定的《室内装饰设计员国家职业标准》中有这样的描述。

（一）职业概况

1. 职业名称：室内装饰设计员。

2. 职业定义：运用物质技术和艺术手段，对建筑物及飞机、车、船等内部空间进行室内环境设计的专业人员。

3. 职业等级：本职业共设三个等级，分别为室内装饰设计员（国家职业资格三级）、室内装饰设计师（国家职业资格二级）、高级室内装饰设计师（国家职业资格一级）。

4. 职业环境：室内，常温，无尘。

5. 基本文化程度：大专毕业（或同等学力）。

（二）职业道德

1. 职业道德基本知识

2. 职业守则

（1）遵纪守法，服务人民。

（2）严格自律，敬业诚信。

（3）锐意进取，勇于创新。

3. 基础知识

（1）中外建筑、室内装饰基础知识。

（2）艺术设计基础知识。

（3）人体工程学的基础知识。

（4）绘图基础知识。

（5）应用文写作基础知识。

（6）计算机辅助设计基础知识。

（7）相关法律、法规知识。

三、室内设计职业的工作要求

（一）掌握室内设计的基础理论

各种装饰风格的常识。

色彩和构图的理论知识。

人体工程学。

最好能学一些风水方面的知识。

（二）掌握室内设计的软件

AUTO CAD：精确绘图，一般用于绘制工程图纸。

3ds Max：用于室内摆设的建模。

VRAY：渲染插件，用来出效果图。

PHOTOSHOP：图像处理软件，用于效果图的后期处理。

（三）熟悉装修流程

室内功能设计和效果设计还必须要了解装修装饰施工的基本做法和施工工艺，还需要懂得人类生活习惯的一些基本需要和享受需要。

（四）室内设计师的工作方式

室内设计师职业有很多工作方式。最常见的方式有以下几种。

1. 做室内设计工作

在建筑与室内设计单位，专门做室内设计工作，不涉及工程项目的施工、管理等方面的工作。了解使用单位（工程甲方）或使用业主的功能要求，设计的每个细节都要用设计图纸表达清楚。

2. 做室内设计并指导工程施工

室内设计师需要在整个施工过程中就实际情况做出相应的应对。一般来说，这是室内设计师乐于接受的一种工作方式，能够达到室内设计师的理想效果，室内设计师在整个装饰装修工程施工阶段也要投入相当的精力与时间。

3. 室内设计师兼设计管理

在室内设计或装饰装修公司，有时总设计师可以是设计总监（设计团队的负责人），他不但要负责整体的室内设计，还要保证整个设计工程高质量完成，这种工作方式现在已被很多室内设计或装饰装修公司所采用。

（五）室内设计师的工作和内容

1. 承接设计课题任务、分析客户需求

达成设计意向，签订设计合同，收取定金。从功能、经济、美学等方面分析客户需求，制作客户基本情况分析表和需求表。

2. 进行初步设计

提出符合客户需求的设计理念、功能安排、风格构思、主材家具、设备选择、造价范围等建议，制作平面图、主要部位效果图、材料推荐表、设备家具推荐表，征求客户意见。

3. 与客户交流

与客户就有关室内设计的相关事宜达成共识，确定功能空间的布置、设计风格、主材、设备、家具及造价的范围等，并请客户签字确认。

4. 深入设计

制作装修施工图、水电施工图、设计说明等，专项设计要与专门的技术人员配合。制作设计文本，提交客户确认全部设计文件，交付设计，收取设计费。

5. 后期服务施工指导

向客户和施工负责人进行设计技术交底，解答客户和施工人员的疑问，有分项技术交底、各工种放样确认、各工种框架确认、饰面收口确认、设备安装确认等。

6. 参与验收

参与项目的分项验收和综合验收。

7. 后期配饰指导、交付使用

后期配饰如家具、织物、植物、艺术品选购及摆放指导。提交竣工图、收取后期服务费、竣工后成果摄影、完成工作总结。

（六）室内设计专业与国家职业资格证书要求的对应关系

室内设计专业是目前专业高等院校（包括职业院校）的专业设置名称，是符合教育部专业目录要求的，而室内装饰设计是国家劳动部下设的一种职业岗位名称。它们在内涵上没有本质上的差异，只是从不同的工作角度与工作层面划分而已。从专业学术上讲，室内设计包含了室内装饰设计的内容，而从具体的工作层面上讲，室内装饰设计是室内设计总体的一部分。

第二节　室内设计专业与职业岗位的对应关系

一、室内设计专业的培养目标

教育作为一种有意识地培养人的社会活动，实际上是学生掌握知识、形成能力和养成素质的过程。知识、能力、素质是专业培养目标的构成要素。

室内设计专业从适应社会发展的需要出发，牢固掌握必备的科学文化知识和室内空间环境设计技能，使之有较强设计表现和实践能力，并具备鲜明职业特点，培养应用型高等职业技术人才。

室内设计专业是技术与艺术相结合的综合性学科，有志于室内设计专业的学子必须掌握一定的室内设计理论知识，设计内容既要安全、实用、美观，又要有生态环保意识，如有施工质量管理等方面的实际工作经验，能更好地通过设计活动取得良好的社会效益和经济效益，这也是符合当今的高职教育的培养要求。

二、室内设计专业的知识结构

知识是指人类在改造世界的实践中所获得的认知经验的总和。合理的知识结构是综合素质形成的第一个过程，高等职业教育室内设计专业的合理知识结构体现出高等职业教育的特点。

（一）科学文化知识

科学文化知识的范围广泛而丰富，包括人文、社会科学基础知识，自然科学基础知识及方法论知识。

学生应对其基本概念、基本原理及基本方法有所了解，这也是促进受教育者德、智、体全面发展所应具备的精神资源。它对于学生深刻领会专业知识和掌握专业技能起着基础性的作用。

方法论知识有助于培养跨学科移植概念和方法的能力及创造性地解决问题的能力。知识更新越来越快，掌握方法论知识也是培养学生的综合素质、促进学生全面发展的要求。

（二）室内设计专业的学习内容

1. 课程设置

由于室内设计包含的内容十分广泛，以及各个国家、地区的社会经济、文化、科技等发展不同，我们根据室内设计专业发展的客观规律和新形势，力求课程设置符合室内专业培养目标的层次结构，保证培养目标的实现。依据实践性的原则重组课程结构，更新教学内容，并注重人文科学与技术教育相结合。强调以必须、够用为度。培养学生的科学精神和创新意识，使教材知识面、知识点融入其中，注重知识的新颖性和多面性，力求内容精练，并通过案例讲解，有的放矢地加以说明。

2. 主要课程内容

下面是室内设计专业教学体系中主要课程内容的授课教学大纲，可供室内设计专业教学参考。

（1）设计理论类课程

1）中外建筑史

教学目的：通过对古今中外不同时代建筑艺术成就的系统介绍，培养学生初步具备历史与理论方面的基础知识，了解历代建筑风格，把握正确的审美观点，认识建筑与自然、社会生活的关系，提高学生的建筑文化修养，树立设计的整体环境意识。

教学内容：绪论，外国古代建筑，中国古代建筑，近、现代建筑。

教学要求：作为专业理论课，以讲授与多媒体并行教学。要求学生按教师所布置的必读书目和参考书目进行认真阅读，并写出与课题有关的读书笔记、分析评论等。此类文章作为本课程评定成绩的主要依据。

2）室内设计理论

教学目的：通过室内设计基础理论的讲授与形象资料的观摩，让学生掌握室内设计的基本理论框架，建立正确的设计观，对室内设计概念、历史发展概况及风格样式、流派有基本的了解，以及对于室内设计程序中的空间设计、装饰设计、装修设计等有较明确的认识和理解。侧重于如何发现问题、分析问题，并以恰当的手段解决问题的科学方法，加强综合能力的培养。

教学内容：室内设计概论、室内功能空间设计、人体工程学，以及室内设计、室内色彩设计、室内采光与照明设计、室内设计应用材料知识、室内绿化设计、环境心理学、行为学等。

教学要求：要求学生了解室内设计的基本概念和原理，从理论上明确室内设计的基本要求与方法；明确不同风格、流派、样式之间的关系与差别，通过调研写出专题评论文章。

（2）设计表现类课程

1）专业制图

教学目的：专业制图是指符合室内设计专业使用的国家制图标准。通过专业制图的学习，学生进一步明确投影理论的应用及空间概念的确立。培养学生的空间想象力，通过专业制图课的作业训练，掌握基本的专业制图技能，进而为绘制室内设计方案、施工图纸，进行专业设计奠定基础。通过专业制图教学，树立学生严谨、细致的设计工作作风和严肃认真的工作态度。

教学内容：正投影制图的基本概念及绘制方法，室内和家具设计制图的规范及绘制方法，专业设计方案图及施工图的绘制。

教学要求：要求学生树立明确的正投影概念，掌握扎实的制图基本功，包括绘图工具的正确使用，图线、图形、图标、字体的正确绘制，通过测绘的手段，要求学生掌握正确的制图绘制程序与方法，掌握专业设计方案及施工图的绘制方法。

2）专业设计表现技法

教学目的：通过表现技法课的绘画教学，掌握以素描、色彩为基本要素的具有一定程式化技法的专业绘画技能。通过对室内设计资料的收集、临摹与整理，用专业绘画的手段，初步了解与专业相关的知识并掌握相应的表达能力。通过绘制透视效果图验证自己的设计构思，从而提高专业设计的能力与水平。从专业绘画的角度，加深对空间整体概念及色彩搭配的理解，提高全面的艺术修养。

教学内容：从结构素描、景观速写、归纳色彩写生，到室内设计工程图和轴测图、室内透视效果图等多种表现技法。包括形体塑造、空间表现、质感表现的程式化技法，绘制程序与工具应用的技巧。包括多种工具的使用，细腻精致的艺术表现技术和快速简练的表现手法。

教学要求：通过结构素描、景观速写、归纳风景写生练习的方法，掌握表现图的绘画基础。从准确的透视、严谨的构图、整体统一的色彩关系入手，创作建筑、室内景观、环境绿化、照明等题材的表现图作品，掌握多种类的表现图绘制技巧。

3）计算机辅助设计与绘图

教学目的：学生在掌握计算机基本知识，学会使用计算机专业绘图设计软件的基础上，能够举一反三地学习掌握使用其他陌生软件的方法。通过实际操作练习，学生的计算机辅助设计的应用能力达到一定水平，设计思维能力有很大提高。

教学内容：讲解 AUTOCAD、3DMAX、PHOTOSHOP、LIGHTSCAPE 等系列软件的详细绘图功能，重点讲授一个专业设计或绘图软件系统，上机操作练习与规范。

教学要求：学会使用计算机及外部设备，完全掌握 AUTOCAD、3DMAX、LIGHTSCAPE、PHOTOSHOP 等系列软件的操作，能够通过一个软件的学习，举一反三地自学其他软件。

（3）设计思维类课程

室内专题设计

教学目的：培养设计者树立正确的设计思想，具备理论联系实际的能力和创新精神。掌握室内空间环境设计的基本规律，掌握利用设计草图和正式图纸来表达设计思想和理念。了解和掌握室内空间环境的构成要素及共相互关系，营造主题空间。了解、认识常用的装修材料及构造做法。

通过室内专题设计的指导，使学生掌握室内设计程序全过程，重点培养学生把握室内空间环境整体设计的能力以及体验在该室内空间整体设计时各个阶段的过程。

教学内容:家居空间室内设计、餐饮空间室内设计、酒店空间室内设计、歌舞厅室内设计、办公空间室内设计等。

教学要求：通过设计作业练习，掌握室内空间造型、室内装修设计、陈设艺术设计、室内绿化设计、室内采光与照明设计的基本方法。从物理心理环境因素出发，综合考虑空间视觉形象审美，并通过各类表现技法的实际运用，掌握室内设计要领、室内设计程序，逐步获得从室内空间整体出发的综合设计能力。

我们所指的室内环境不仅仅是物质上的硬环境，同时还包括了文化精神层面上的软环境。任何一种物质形态的室内设计都有其特殊的文化背景及内涵，室内设计师只有不断地提高自身的理论文化素养，才能看到物质形态背后的东西，才能对一个设计项目有全面、深刻的认识。一切优秀的室内设计作品都不仅仅是简单地对各种物质形态进行肤浅的组合，同时还要反映物质组合背后的时代观念、审美趣味、文化认同等深层次的意识、只有这样才可能创作出高品位的设计作品，从而避免盲目的抄袭。

理论可以启发设计师的思考，在思考中撞击出灵感的火花，提炼出有个性的设计语言，形成设计师自己的观点，总结设计的成败得失。总之，学好专业理论不仅可用于指导设计实践，还可以使设计师的思想不断升华，不断进步，不断开拓自己的设计思路。

三、室内设计专业的基本素质与能力

（一）基本素质与能力

室内设计专业的学生不仅应具有一定的专业知识技能，还必须具有良好的政治素质、道德品质。因此，本专业还开设了毛泽东思想概论、思想品德与法律基础、邓小平理论与“三个代表”重要思想、英语、数学、大学语文、设计史、体育、军事理论、心理健康、就业指导和择业技巧等课程。目的是使学生具有以下方面的知识、能力和素质。

1. 懂得马列主义、毛泽东思想、邓小平理论的基本原理，具有较为扎实的人文社会科学基础知识、自然科学基础知识及艺术表现能力和外语运用能力。

2. 具有良好的行为规范、职业道德和法律观念，具有相当敏锐的观察与调查研究的能力。

3. 具有综合写作能力、构思表述能力和分析判断能力。要求学生应具有形象的观察、分析、判断能力以及方案的鉴别能力。应具备语言表达能力、文字表达能力、图纸表现能力、模型制作能力、计算机运用能力等，这是适应市场竞争的必要条件。

一直以来，社会对人才的需求定位为学历型人才。然而，随着市场经济的完善，企业对人才需求的定位逐渐趋于理性化，在重学历的同时，更注重人才的能力。目前的各类资格证书热在一定程度上反映了这一用人思路的变化。针对这一趋势，室内设计专业将培养学生符合国家职业资格证书要求的实际动手能力作为重点。并将这种能力培养模块化，如分为室内装饰装修设计的基本技能、装饰装修工艺技能、装饰装修技术技能、装饰装修工程与预算以及装饰装修工程施工管理等模块，与社会上装饰装修行业的用人岗位相吻合。

为了使毕业生走出校门，不必再培训就能上岗，室内设计专业将学生能力培养和行业准入条件与国家职业资格考试结合起来，使学生毕业时既取得毕业证书，又取得行业资格证书，真正为社会输送无须再培训即可直接上岗的熟练技术人才。

（二）职业素质与能力

概括来说，学生应具备以下职业素质。

1. 具有良好的行为规范，爱国、爱岗、敬业，具有良好的职业道德和法律观念。

2. 具备室内设计公司或装饰装修企业室内设计员（设计师）所具有的室内设计能力与素质。

3. 珍惜国家资金、能源、材料设备，力求取得更大的经济、社会和环境效益。

4. 树立质量第一观念，遵守各项设计标准、规范、规程，防止重产值、轻质量的倾向，确保公众人身及财产安全，对工程质量负责到底。

5. 努力钻研科学技术，不断采用新技术、新工艺，推动行业技术进步。

6. 信守设计合同，以高速、优质的服务为行业赢得信誉。

7. 搞好团结协作，树立集体观念，具有良好的团队精神。

8. 注意将设计理论与实际很好地结合起来，发挥可持续发展的潜能。

第三节　室内设计实训课程的教与学

一、实训课程的性质和任务

实训课程是学生在高职教育专业学习阶段重要的实践性教学环节之一。尤其是室内设计专业，有不同的专题设计课实训，例如，住宅室内设计，公寓、别墅等；公共空间室内设计，办公空间、餐饮空间、专卖店空间、展示空间等。

学生通过实训不仅掌握室内设计专业的核心技术和技能，而且熟悉和了解与室内设计专业有关的技术和技能。加深对专业理论知识的理解，并能把所学的专业理论知识应用到实际设计当中。提高在设计实践过程中发现问题、分析问题、解决问题的能力和应变能力。增强对室内空间设计、装饰装修工程施工步骤以及与各工种等协调合作的了解，提高在设计过程中各个环节的组织能力和综合能力。

二、实训课程的教学目标

（一）知识目标

理解、掌握、巩固所学室内设计的原理及相关艺术理论，了解室内设计的业务，熟悉室内设计的方法。

（二）能力目标

加强专业设计技能训练，培养学生实际动手能力和操作能力，使学生能把自己的设计思想结合实际，用专业的设计语言表现出来。

（三）德育目标

培养学生独立工作能力、与他人合作的团队精神和严谨认真的工作作风。

三、实训课程的设计内容与基本要求

（一）实训内容按教学计划和教学大纲进行

以住宅室内设计为例。

1. 课程名称：住宅室内空间设计。

2. 教学内容

（1）住宅室内空间功能性与合理性的分析；

（2）住宅室内空间设计风格样式，包括住宅室内空间的色彩设计、住宅室内空间的照明方式设计、住宅室内空间的陈设设计、住宅室内空间的绿化处理；

（3）住宅室内空间设计及各界面的处理；

（4）施工现场、材料市场调研结果报告；

（5）设计效果图、设计工程图等；

（6）设计说明书。

（二）基本要求

1. 要求学生了解和掌握住宅室内空间设计的内涵及要点。运用室内设计原理及相关的艺术理论并联系实际，设计出满足使用者物质功能和精神功能需要的室内空间。学会在工程施工中合理选择材料、使用和搭配，并能科学计算、科学管理，以便在实际工作中得以体现，并加以创造性的应用。

2. 要求学生对起居室、客厅、卧室、书房、厨房、餐厅、卫生间等功能空间的设计内容、风格、使用方式及室内空间形态的设计与处理等有一定的了解和认识，并能结合相关课程的知识，在住宅室内空间设计方面有所创新。

3. 要求学生对装饰装修材料市场的调研以及对装饰装修工程施工步骤及与各工种等协调合作有所了解，提高学生在设计过程中各个环节的组织能力和综合能力，使其不但具备相应的设计水平，而且要有一定的工程施工监理及工程预算的能力。

四、实训课程的教学模式与教学方法

实训课就是按照教学要求，在真实或仿真模拟的现场操作环境中，培养学生的实际工作能力和创造能力。实训教学是使学生主动参与教学过程的比较好的教学方式，它可以启发学生发散思维，让学生积极、主动地进行学习。

因此，要充分调动学生的积极性，充分发挥学生的主体作用，强调动手能力，手脑并用，知行结合，让学生体验到亲身参与掌握知识、进行设计的全过程的情感，唤起学生对知识产生兴趣，激发学生对知识、技能的主动追求。

为适应高等职业技术教育新的教学模式，走与国际职业教育接轨的道路，在教学方法上，要以“优化基础、注重素质、强化应用、突出能力”为指导思想，以突出专业特色、培养职业能力为宗旨，不断提高室内设计专业与社会职业岗位需要的融合度。在此基础上，继续进行课程整合，科学安排授课课时，增加专业设计思想培养和表达的课程。推行模块教学、案例教学、实训基地现场教学等多种实训教学方法，广泛采用多媒体教学与计算机辅助教学等手段，可直接聘请具有丰富实践经验的工程技术人员给学生上实训课，带领学生到装饰装修施工现场进行实际参观，让学生与实践有近距离的接触，感悟室内设计专业的设计思想和设计技术的内涵，体验企业工作人员的工作状态，为进一步的学习和今后的工作打下比较坚实的实践基础。

实训课程的教学模式按室内设计师（或模拟室内设计师）的工作方法进行。由教师联系设计案例（或给定设计题目），具体步骤（或模拟步骤）如下。

（一）目标提出

教师说明本次实训的目的意义、所需工具、材料，提出现场实践的具体要求，强调操作注意事项等。

（二）学生训练

学生根据教师给定的课题、具体要求及注意事项，分组或单独进行实训，完成实训目标。

（三）实训步骤（选定设计主题）

1. 进行设计构思：认真细致地从使用功能、经济条件、室内空间的风格和气氛等方面分析客户的需求，制作客户基本情况分析表和需求表；

2. 考察调研：主要装饰装修材料、辅助材料、设备选择、造价水平等；

3. 设计分析：确定符合客户需求的设计理念、功能安排、设计风格、主要装饰装修材料、辅助材料、设备选择及造价表等；

4. 设计表现：制作平面图、主要部位效果图、制作装修施工图、水电施工图等；

5. 设计配饰：家具、织物、植物、艺术品选购及摆放指导；

6. 设计说明：制作设计说明文本，工作总结。

（四）学生演示讲解设计案例

学生根据实训的要求，将所学基本理论知识及实训体验、实训设计方案成果进行课堂演示。

（五）学生讨论

教师选定具有代表性的学生实训方案成果，请学生上台演讲。台下同学针对演示方案发表自己见解，与台上同学进行交流。

（六）教师点评并归纳总结

教师根据学生演示及同学交流情况，引导学生归纳总结出比较规范的符合实训（实际职业岗位）的工作步骤及注意事项。

（七）活动延伸

教师根据本次实训情况，启发学生在课后继续思考和研究本次实训的课题、整体与细节、成功与不足等方面，认真总结，以利再战。让学生真正做到对专业技能的全面掌握，并能符合职业技能鉴定标准的要求。

参考文献

[1] 张绮曼,郑曙旸．室内设计资料集 [M]．北京：中国建筑工业出版社，1991.

[2] 郑曙旸,田青．家用室内设计大全 [M]．北京：纺织工业出版社，1990.

[3] 郭茂来．室内设计艺术赏析 [M]．北京：人民美术出版社，2002.

[4] 吴剑锋,林海．室内与环境设计实训 [M]．北京：东方出版中心，2008.

[5] 扬·盖尔(丹麦)．交往与空间 [M]．何人可,译．北京：中国建筑工业出版社，2002.

[6] 诺曼(美)．情感化设计 [M]．付秋芳,程进三,译．北京：电子工业出版社，2005.

[7] 李玲,陈虹．光·空间与文化 [M]．上海工艺美术，2006（3）.

[8] 冯安娜,李沙．室内设计参考教程 [M]．北京：天津大学出版社，1998.

[9] 邹伟民．室内环境设计 [M]．成都：西南大学出版社，2000.

[10] 来增祥,陆震纬．室内设计原理 [M]．北京:中国建筑工业出版社，1996.

[11] 张绮曼．室内设计的风格样式与流派 [M]．北京：中国建筑工业出版社，2000.

[12] 吴骥良．建筑装饰设计 [M]．天津：天津科学技术出版社，1998.

[13] 杜异．照明系统设计 [M]．北京：中国建筑工业出版社，1999.

[14] 约翰·派尔(美). 世界室内设计史 [M]. 刘先觉,等译 . 北京：中国建筑工业出版社，2003.

[15] 黄世孟 . 世界建筑全集（1）古代中东•古代美洲建筑 [M]. 台北:光复书局，1985.

[16] 李玖隆 . 世界建筑全集（2）希腊·罗马建筑 [M]. 台北：光复书局，1985.

[17] 杨逸泳 . 世界建筑全集（3）回教建筑 [M]. 台北：光复书局，1985.

[18] 刘明国 . 世界建筑全集（7）巴洛克·洛可可建筑 [M]. 台北：光复书局，1985.

[19] 杨逸泳 . 世界建筑全集（8）近代·现代建筑 [M]. 台北：光复书局，1985.

[20] 吴焕加 .20 世纪西方建筑名作 [M]. 郑州：河南科学技术出版社，1996.

[21] 马里奥·布萨利(意大利). 东方建筑 [M]. 单军,赵炎,译,北京：中国建筑工业出版社，1999.

[22] 王心邑 . 墨菲 / 扬建筑师事务所 [M]. 李匡,译 . 北京：中国建筑工业出版社，2005.

[23] 澳大利亚 Zmages 出版集团 . 西萨·佩里 [M]. 卞致瑞,张延安,译 . 北京：中国建筑工业出版社，2005.

[24] 黄健敏 . 贝幸铭的艺术世界 [M]. 北京：中国建筑工业出版社，1996.

[25] 中国现代美术分类全集编委会 . 中国现代美术分类全集（建筑艺术 1—5）[M]. 北京：中国建筑工业出版社，1998.

[26] 辛艺峰 . 室内环境设计理论与入门方法 [M]. 北京：机械工业出版社，2010.

[27] 席田鹿 . 室内设计原理 [M]. 沈阳：辽宁美术出版社，2014

[28] 贺爱武,贺剑平 . 室内设计 [M]. 北京：北京理工大学出版社，2016.

[29] 陈德胜,刘楠 . 室内空间设计原理 [M]. 沈阳辽宁美术出版社，

2016.

[30] 王明道．室内设计 [M]. 北京：机械工业出版社，2015.

[31] 高文胜．室内设计技术三合一实训教程 [M]. 北京：中国铁道出版社，2007.

[32] 高光．室内设计实训指导 [M]. 沈阳:北方联合出版传媒（集团）股份有限公司辽宁美术出版社，2011.